초등학생이 재미있게 탐구하고 쉽게 작성하는

안쌤의 신박한 과학 탐구보고서를 펴내며

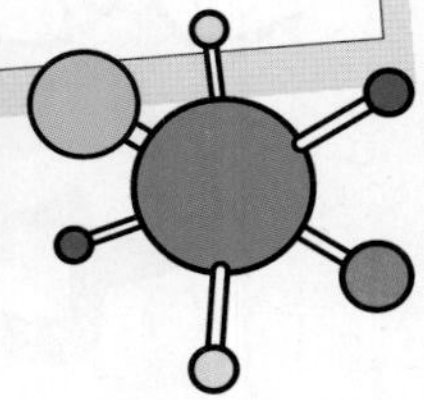

어느 날 시대교육 출판사에서 출간 제의가 들어왔습니다. '안쌤의 신박한 과학사전'의 콘텐츠로 탐구를 진행하고 탐구보고서를 작성할 수 있게 안내하는 교재를 만들어 보자는 것이었습니다. 탐구보고서 작성으로 어려움을 겪는 학생들에게 많은 도움이 될 교재라 출판을 꼭 부탁드린다고 하셨습니다.

최근 코로나19로 인해 한국과학창의력대회와 같이 온라인으로 진행하는 탐구 대회와 선발 과정에서 온라인으로 과제를 제출하는 영재교육원이 늘어나고 있습니다. 학생들이 많이 준비하는 탐구 대회나 과학전람회, 영재교육원을 다니면 제출해야 하는 창의산출물 등 탐구보고서를 작성해야 하는 경우도 많습니다. 그러나 학생들이 혼자서 탐구 가설을 설정하고, 탐구 설계를 해서 탐구보고서를 작성하는 과정은 쉽지 않습니다. 그래서 시대교육 출판사에서 제의한 교재는 아주 좋은 아이디어라 생각하여 출판하기로 결정했습니다.

생활 속의 불편한 부분을 신박하게 해결하는 방법을 탐구 질문과 탐구 가설로 설정하고 주변에서 쉽게 구할 수 있는 재료로 탐구 설계 및 탐구를 진행합니다. 이 과정이 끝난 후 얻은 탐구 결과와 결론을 이용해 탐구보고서를 작성하는 과정으로 교재를 구성했습니다.

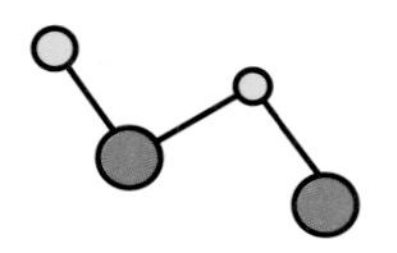

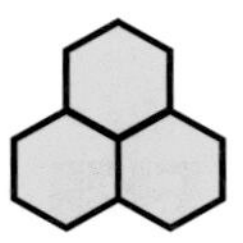

여기서 더 나아가 꼬리에 꼬리를 무는 탐구 설계로 한 가지 주제에 대해 총 세 가지 가설로 탐구를 진행하고, 융합사고로 확장하여 탐구보고서를 작성할 수 있게 구성했습니다. 보통 탐구 대회에서도 탐구보고서를 작성할 때 꼬리에 꼬리를 무는 탐구를 세 번 정도 진행한다는 점에서 착안한 것입니다.

각 주제별로 세 가지 탐구를 진행하고, 각 탐구 실험 영상을 제작하면서 진행하다보니 다른 교재보다 더 많은 노력과 시간이 걸렸습니다. 2주에 한 번씩 콘텐츠를 만들어 유튜브 라이브로 학생들과 직접 소통하는 수업도 진행했습니다.

시대교육 편집팀과 안쌤 영재교육연구소 개발팀의 열띤 토론으로 교재를 기획하고 출간하는 데 거의 1년에 가까운 시간이 걸렸습니다. 많은 노력으로 출간된 교재와 유튜브 무료 강의가 많은 학생들에게 도움이 되길 바랍니다.

안쌤 영재교육연구소 대표 안재범

한눈에 보는
탐구보고서 작성법

Ⅰ 탐구의 단계

탐구 주제 선정

↓

탐구계획서 작성

↓

탐구 활동

↓

탐구보고서 작성

↓

발표 및 평가

Ⅱ 탐구 주제 선정

1. 탐구 주제를 어디에서 찾을까요?

❶ 생활 속에서 발견합니다.
❷ 자연 속에서 발견합니다.
❸ 수업 시간에 배운 내용이나 책 속에서 발견합니다.

2. 탐구 주제를 어떻게 찾을까요?

막연히 궁금한 것을 떠올리면 '외계인은 있을까?', '총알의 발사 원리는 무엇일까?' 등 추상적이거나 직접 탐구를 하기 어려운 주제가 생각납니다. 내가 탐구할 수 있는 주제는 어떻게 찾을 수 있을까요?

❶ 당연한 것이라도 일단 의심하고, "왜?"라는 질문을 던지며 이유를 찾아봅니다.
❷ 사소하고 작은 것이더라도 다른 시각으로 살펴봅니다.
❸ 주변 환경을 잘 관찰합니다.
❹ 상식을 뛰어넘어, 기존의 방법을 변화시켜 봅니다.
❺ 교과서 실험, 관찰, 학습 내용으로부터 새로운 아이디어를 찾아봅니다.

탐구 주제 찾기에 적용할 수 있는 창의적 사고 기법

❶ **브레인스토밍**: 큰 주제에서 떠오르는 생각을 자유롭게 나열해 보세요.
❷ **마인드맵**: 마음속에 지도를 그리듯이 줄거리를 이해하여 정리하는 방법으로 그림을 그려 보세요.
❸ **주제카드 기법**: 여러 명의 친구가 있다면 각자 주제카드를 적고, 자신과 비슷한 주제를 가지고 있는 친구와 모둠을 이루어 탐구 주제를 찾아 보세요.
❹ **연꽃 기법**: 한 가지 주제를 중심으로 하여 이와 관련된 몇 가지 소주제를 생각하고, 각 소주제와 관련된 아이디어를 다시 여러 가지로 생각하면서 흥미로운 주제를 찾아 보세요.
❺ **분류법**: 내가 생각한 탐구 주제를 특정 기준으로 분류하여 제일 관심이 가는 주제를 찾아 보세요.
❻ **관련짓기 기법**: 관련이 없어 보이는 여러 가지 주제를 서로 관련지어 좀 더 흥미로운 주제를 찾아 보세요.

3. 탐구 주제를 어떻게 선정할까요?

❶ 알고 싶고 조사해 보고 싶었던 여러 가지 내용 중 가장 알고 싶었던 것이 무엇인가를 생각해 봅니다.

❷ 과연 내가 탐구할 수 있는 것은 어느 것인가를 생각해 봅니다.

❸ 탐구에 필요한 도구들을 구할 수 있는가를 생각해 봅니다.

❹ 여러 가지 주제 중에서 가장 좋은 주제를 결정합니다.

4. 좋은 탐구 주제란 어떤 것일까요?

❶ 좋은 탐구 주제는 새롭고, 독창적인 내용입니다. 기존에 이미 탐구하고 있는 주제 혹은 결과가 널리 알려진 생활 속 지혜, 교과서에 제시된 과학 원리나 법칙의 예를 탐구 주제로 선정하는 것은 좋은 탐구 주제라 할 수 없습니다.

❷ 좋은 탐구 주제는 실용성이 큰 것이어야 합니다.

❸ 좋은 탐구 주제는 명확하고 과학적이어야 합니다.

❹ 좋은 탐구 주제는 사람들이 많은 관심을 가지고 내가 가장 궁금하게 여기는 것이어야 합니다.

좋은 탐구 주제	좋지 않은 탐구 주제
• 바이킹을 탈 때, 몸무게에 따라 움직임이 다를까? • 종이 가방의 부피가 같을 때, 모양에 따른 최대 중량의 차이는 있을까? • 물수제비의 원리와 돌이 물 위에 여러 번 뜰 수 있는 요령은 무엇일까?	• 우유와 식초를 섞으면 어떻게 될까? • 파란 색소 물에 담가 둔 흰 꽃잎의 색은 파란색이 될까? • 드라이아이스는 이산화 탄소가 맞을까? • 여닫이문의 손잡이가 끝에 달려 있는 이유는 무엇일까?

5. 탐구 주제 제목은 어떻게 표현해야 할까요?

❶ 앞부분에는 탐구 내용을 정해 놓고, 뒷부분에는 '~에 대한 탐구', '~에 대한 조사', '~에 끼치는 영향' 등과 같이 표현합니다.

❷ 탐구 내용을 요약하는 얼굴이므로 간결하고 구체적으로 씁니다.

❸ 탐구 주제만 보아도 무엇에 대해 조사한 것인지 알 수 있도록 명확하게 표현합니다.

구체적인 제목	구체적이지 못한 제목
• 콩나물이 하루 동안 자라는 길이에 대한 연구	• 콩나물에 대한 연구
• 개미가 사는 곳과 음식물에 대한 연구	• 개미에 대한 연구
• 여름철 옷의 색깔에 대한 연구	• 태풍에 대한 연구
• 옥수수에 피는 곰팡이에 대한 연구	• 곰팡이에 대한 연구

Ⅲ 탐구계획서 작성

선택한 과제 해결을 위해 계획을 세워야 합니다. 계획을 체계적으로 세우려면 어떻게 해야 할까요?

1. '탐구계획서'란 무엇인가?

집을 짓는데도 설계도가 필요합니다. 어떤 집을 지을지 미리 생각해 보고 그에 필요한 재료도 준비해야 하며, 어떤 순서로 지어야 할지도 생각해 보아야 합니다. 그래야 튼튼하고 멋진 집을 지을 수 있습니다. 마찬가지로 탐구를 하는 데에도 정확하고도 구체적인 계획서가 필요합니다. 그럼 이제 이렇게 중요한 탐구계획서에 들어가야 할 항목에는 어떤 것이 있는지 알아봅시다.

2. 탐구 주제에 적절한 탐구 방법을 찾아야 합니다.

탐구 방법에는 실험, 측정, 관찰, 분류, 조사, 견학 등 다양한 방법이 있습니다. 이런 다양한 방법 중 어떤 특정한 것만이 가장 좋은 방법이라고 할 수는 없습니다. 마치 약국에 가면 많은 약들이 있는데 그중 가장 좋은 약이 정해져 있지 않은 것처럼 말입니다. 감기 환자에게는 감기약이 가장 좋은 약이고, 소화가 안 되는 사람에게는 소화제가 가장 좋은 약입니다. 마찬가지로 탐구 방법 역시 탐구하고자 하는 주제에 따라 좋은 방법이 정해집니다. 그러므로 탐구 방법은 주제의 성격을 파악하고 스스로 할 수 있는 것인지를 고려하여 결정하여야 합니다.

3. 탐구계획서에 들어가야 할 항목은 무엇이 있을까요?

❶ **탐구 주제**: 무엇을 알아보려는지 구체적으로 씁니다.

❷ **탐구자**: 탐구하는 사람의 이름을 씁니다.

❸ **탐구 동기**: 어떤 계기로 탐구 주제를 정하게 되었는지 씁니다.

❹ **탐구 목적(탐구 내용)**: 탐구 주제와 관련지어 좀 더 자세히 조사해서 알고 싶은 내용을 구체적으로 빠짐없이 씁니다.

❺ **탐구 방법 및 절차**: 실험을 할 것인지, 관찰을 할 것인지, 설문 조사를 할 것인지, 현장 조사를 할 것인지, 문헌 조사를 할 것인지 등의 탐구 방법과 일정을 계획합니다.

❻ **탐구보고서 작성 방법**: 탐구 활동 후 탐구보고서는 어떤 방법으로 작성하여 친구들에게 발표할 것인지 미리 계획을 세웁니다.

❼ **자료**: 탐구에 필요한 자료를 생각해 봅니다.

Ⅳ 탐구 활동

지금까지 탐구의 필요성과 의미를 알고, 주제를 선정하고, 탐구계획서를 작성했습니다. 이제는 계획한 대로 탐구를 진행할 차례입니다. 탐구 과제가 정해지면 과제를 어떻게 수행할 것인가를 결정해서 탐구를 진행해야 합니다. 탐구 과제의 진행법은 다음과 같습니다.

1. 무엇을 조사해야 할까요?

과제가 정해지면 '무엇과 무엇을 조사해야 하는가?'를 분명히 하여야 합니다. 되도록 다양한 각도에서 찬찬히 눈여겨 살펴보면서 여러 가지 조사할 점을 발견해 내어야 합니다.

2. 이것저것 시험해 보세요.

무엇과 무엇을 조사하는가가 분명해지면 주위에 있는 간단한 도구로 이것저것 실험해 봅니다. 이것을 예비 실험이라 합니다. 이 예비 실험 중에 새로운 발견을 할 수도 있습니다. 이때 보다 더 신기한 일이 발견될지도 모릅니다.

3. 실험 도구는 창작하고 탐구하세요.

예비 실험으로 실험 방향이 결정되면 이제는 본격적인 실험을 합니다. 이때 여러 가지 도구가 필요하게 됩니다. 쉽게 구할 수 없거나 실험 목적에 맞는 도구가 없다면 스스로 만들어 보세요. 이렇게 해서 도구를 손수 만드는 재미를 즐기는 것도 탐구의 장점입니다.

4. 몇 번이고 같은 실험을 하세요.

한 번만 실험해서는 정확한 결과를 얻을 수 없습니다. 같은 실험을 여러 번 되풀이해서 평균을 구하는 것이 좋습니다.

5. 가설을 세울 때는 남에게 물어보세요.

탐구를 하면서 의문을 해결하기 위해 이것저것 자신의 예상을 세워 보겠지만 그것만으로는 부족합니다. 그 의문을 여러 사람에게 이야기해서 다른 사람의 생각을 많이 들어 보는 것이 좋습니다. 혼자 생각할 때는 도저히 머리에 떠오르지 않던 해답을 다른 사람의 이야기를 통해 찾을 수 있습니다.

6. 책으로도 조사하세요.

탐구라는 것은 자신의 힘으로 하는 것이 중요합니다. 하지만 처음부터 끝까지 모두 혼자서 생각하는 것만으로 부족합니다. 자기가 탐구하고 있는 주제와 관계가 있을만한 책을 통해 조사하는 것도 중요한 일입니다.

7. 안전에 주의하세요.

물리나 화학 실험에는 불을 사용하거나 약품을 쓰는 경우가 많습니다. 사고를 방지하기 위해 특히 다음 사항에 주의해야 합니다.

❶ 도구의 사용법은 바른가요?
❷ 불을 사용할 때 근처에 불에 타기 쉬운 것은 없나요? 환기는 잘 되어 있나요?
❸ 약품이 손이나 얼굴에 묻지 않도록 주의하고, 또 만일 묻었을 때는 어떻게 하면 좋을까요?
❹ 도구의 정리 정돈은 잘 되어있나요? 보관 방법은 바른가요?

탐구보고서 작성

1. 탐구보고서 작성 시 유의할 점은 무엇일까요?

탐구보고서는 실험 결과를 혼자 보관하기 위한 글이 아닙니다. 다른 사람들이 한눈에 쉽게 읽고 탐구 목적과 결과 및 결론을 정확히 이해할 수 있도록 깔끔하게 정리하는 것이 중요합니다.

❶ 탐구 주제를 정확하게 써야 합니다.

❷ 탐구 활동에 필요한 준비물을 빠짐없이 적어 두어야 합니다.

▶ 탐구보고서는 다른 사람이 읽고, 다음 탐구 과정에 참고할 수 있으므로 모든 준비물을 빠짐없이 기록해 두어야 합니다.

❸ 결과는 사실만을 기록해야 하고, 결론은 과학적이어야 합니다.

▶ 실험 결과를 조작해서는 안 되며, 올바른 결론을 통해서 과학적인 원리나 지식을 이끌어 내야 합니다.

❹ 탐구 활동 중 생긴 문제점이나 해결 방법, 더 알아 보고 싶은 점은 반드시 적어 놓습니다.

▶ 의문점은 새로운 탐구를 이끌어 내는 원동력이 됩니다.

2. 탐구보고서를 작성해 보세요.

❶ 탐구 주제

- 탐구할 대상과 탐구할 내용이 잘 나타나도록 표현합니다.
- 새롭게 접한 주제로 문제 해결이 가능한 것을 탐구 주제로 선택합니다.
- 탐구 문제를 너무 광범위하게 정하거나 너무 좁게 정하는 것을 피합니다.
- 이미 알고 있는 내용에서 새로운 것으로 발전시킬 수 있는 주제를 선택합니다.
- 실제로 탐구가 가능하고 시간이나 비용이 너무 많이 들지 않으며, 위험하지 않고 스스로 자료 수집과 분석이 가능한 주제를 선택합니다.

❷ 가설 설정

가설은 탐구 주제에 대한 잠정적인 설명으로, 탐구 주제에서 찾을 수 있는 변인들 사이의 관계를 검증이 가능한 형태로 서술합니다. 탐구 문제의 가설을 설정하면 그 가설에 따라 통제 변인과 조작 변인이 결정되므로 탐구 방법이 명확해집니다. 또, 수행한 탐구 결과로 가설을 검증할 수 있으므로 탐구를 타당하고 원활하게 수행하는 데 도움이 됩니다.

- 가설 형태: '(독립 변인)이 ~하면, (종속 변인)이 ~될(할) 것이다'
- 가설 설정 방법: 탐구 주제의 독립 변인과 종속 변인을 찾은 후 독립 변인과 종속 변인을 이용하여 가설을 설정합니다. 가설은 독립 변인의 수만큼 만들 수 있습니다.

❸ 탐구 방법

- 독립 변인과 종속 변인: 독립 변인은 실험에서 원인이 되는 변인이고, 종속 변인은 실험에서 결과로 나타나는 변인입니다.
- 변인 통제: 변인 통제는 실험에서 변화시키고자 하는 변인 이외의 다른 변인들을 모두 일정하게 하는 것을 의미합니다. 실험하는 과정에서 무엇을 변화시켜서(조작 변인) 무엇을 측정하고(종속 변인), 그 변화를 관찰하기 위해서 무엇을 일정하게 유지시켜야 하는지(통제 변인) 파악해야 합니다.

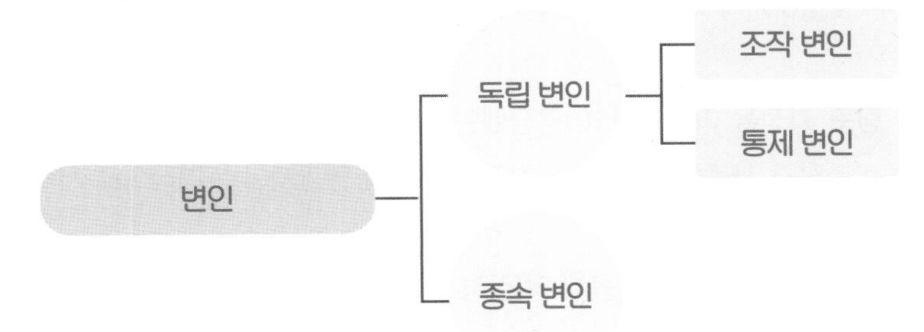

- 탐구 방법: 탐구 방법은 가능한 한 자세하게 기록합니다. 사진을 추가하면 좋습니다. 탐구 방법은 실험, 측정, 관찰, 분류, 조사, 견학 등 여러 가지가 있습니다. 탐구 내용이나 가설을 바탕으로 가장 타당하고 적절한 방법을 선택합니다.

구분	내용
실험	독립 변인을 통제하고 조작함으로써 종속 변인이 어떻게 변화하는가를 분석합니다. 조작 변인과 통제 변인을 구분하고 과정을 순서대로 자세히 기록합니다.
측정	도구나 기계를 사용하여 길이, 질량, 시간, 부피 등을 측정합니다. 오차를 줄이기 위해 여러 번 반복 측정합니다.
관찰	오감을 사용하여 관찰하고, 반복적이고 지속적으로 관찰하여 연구 대상의 특성을 파악하고 분석합니다.
분류	대상이 되는 사물, 사건, 현상들이 가지고 있는 공통성을 찾아 함께 묶거나 관계를 연결하는 과정에서 관계를 체계화합니다.
조사	현상을 파악하기 위해 주로 사용되는 방법으로 원인과 결과를 분석하기보다는 현재의 상태를 알아보기 위한 목적으로 사용합니다. 면접법이나 설문지 조사 방법이 있습니다.

❹ 탐구 결과

탐구 결과를 기록할 때에는 표나 그래프, 그림을 활용하여 조작 변인의 변화에 따른 종속 변인의 변화를 한눈에 알아볼 수 있도록 합니다. 표와 그래프 등으로 변환된 자료는 작은 공간에 많은 정보를 나타낼 수 있어 탐구 결과를 나타내는 방법으로 좋습니다. 어떠한 탐구 결과를 나타내는 표나 그래프를 보면, 이 탐구에서 확인하려고 했던 가설은 무엇이며, 조작 변인과 종속 변인, 통제 변인이 무엇인지 알 수 있습니다. 또한, 탐구 과정에서 얻은 자료의 규칙성을 찾거나 변인들 사이의 관계를 해석할 수 있으며, 결론을 도출하거나 내용을 보다 깊게 이해할 수 있습니다.

❺ 탐구 결론

탐구 결론은 탐구 과정을 마무리하고, 궁금했던 질문, 탐구하고자 했던 주제에 대한 해답과 결론을 짓는 과정입니다. 탐구 자료를 분석한 후 결과를 가설과 연관지어 논리적으로 서술합니다.

❻ 가설 판단

탐구 결과 분석으로 설정한 가설이 옳지 않은 경우 원인을 분석하고 가설을 재설정합니다.

❼ 더 알아보기

탐구 과정에서 생긴 문제점과 해결 방법을 서술하고, 실험 결과값과 이론값에 오차가 있는 경우에는 오차를 분석하는 내용을 서술합니다. 또, 탐구 결과를 활용하는 방법, 결론을 지지하는 추가 실험, 확장할 수 있는 실험 등을 서술합니다. 감정과 근거 없는 추측을 작성하면 안 됩니다.

발표 및 평가

1. 발표 계획하기

정한 주제에 대해 그동안 탐구하고 조사한 내용을 친구들에게 쉽게 보여줄 수 있는 발표 계획을 세워 볼까요?

❶ 발표를 준비할 때 주의할 점을 살펴봅시다.

- 5~10분 동안에 발표를 마칠 수 있게 발표를 계획합니다.
- 탐구보고서를 보면서 꼭 발표할 내용을 찾아 발표 요약서를 만듭니다.
- 지금까지 탐구한 실적물을 빠짐없이 정리합니다.
- 탐구 내용과 실적물을 잘 보여줄 수 있는 발표 방법을 정합니다.
- 발표 시나리오를 적어보고 발표 연습을 해 봅니다.

❷ 발표 방법에는 어떤 것들이 있을까요?

- 뉴스(인터뷰) 형식
- 역할극(놀이) 형식
- 시연(시범) 형식
- 신문(광고글) 형식
- 전시회 형식
- 프리젠테이션 형식

❸ 프리젠테이션 형식

프리젠테이션 형식은 여러 가지 방법 중에서 가장 많이 활용되는 방법입니다. 컴퓨터로 글, 사진, 동영상, 소리 등으로 구성된 발표 자료를 제작하여 친구들 앞에서 발표해 봅시다. 그리고 애니메이션과 화면 전환 효과 등을 이용하여 멋진 발표를 준비해 보세요.

발표 준비 순서를 알아봅시다.

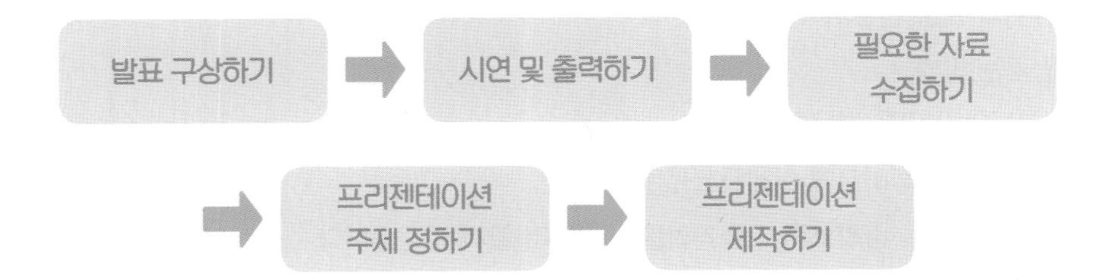

프리젠테이션 형식의 발표를 준비할 때 주의할 점을 살펴봅시다.

- 한 화면에 너무 많은 자료를 삽입하면 복잡해 보이고 발표 효과도 떨어지므로 3~4개 정도의 정보가 담길 수 있도록 합니다.
- 가장 중요한 정보를 화면 중앙에 배치합니다.
- 화면 왼쪽 위부터 중요한 정보를 배치합니다.
- 한글 자료의 색상, 글꼴, 크기 등은 교실 뒤쪽에서도 보일 수 있도록 고려해 만듭니다.
- 화면의 배경, 글 자료의 크기와 색깔, 그림이나 사진 자료의 크기 및 위치, 소리 자료의 크기 및 위치, 동영상이나 애니메이션의 크기 및 위치를 가능한 일관성 있게 배치합니다. 또, 진행 버튼의 생김새, 화면 전환 효과, 애니메이션 효과 등도 일관성 있게 합니다.

2. 발표와 평가하기

열심히 준비한 내용을 친구들 앞에서 발표해 볼까요? 또, 다른 친구들은 얼마나 탐구 활동을 잘 했는지 찾아보고, 자신이 그동안 실천한 탐구의 과정도 평가해 봅시다.

❶ 발표하는 방법

- 발표자는 높임말을 사용합니다.
- 결론을 먼저 말하고 이유와 원인, 조건 등을 순서 있게 말합니다.
- 발표는 간결하고 명료하게 하며, 강의 형태로 하는 것은 좋지 않습니다.
- 모든 대상을 보고 말할 수 있는 위치에 서며, 듣는 사람을 똑바로 바라보며 말합니다.
- 너무 앞만 보거나 발표 자료만 보지 않고, 자료와 듣는 사람을 적절히 번갈아 봅니다.
- 모든 학생들이 들을 수 있도록 천천히, 바르게, 알기 쉽게, 말끝을 분명하게 말합니다.
- 중요한 대목 또는 인상적인 부분에 대해서는 탐구 실적물(사진, 동영상, 실물, 시범 등)을 보여주면서 말하는 것이 좋습니다.
- 메모한 것(발표 시나리오)을 바탕으로 요점을 빼지 않고 알맞은 접속사(그리고, 그러나 등)를 사용하여 앞뒤의 말을 관련지어 말합니다.

❷ 발표를 듣는 방법

- 질문자는 높임말을 사용합니다.
- 전체적인 흐름을 바르게 이해하고 질문합니다.
- 발표하는 사람을 바라보면서 줄거리를 생각하며 끝까지 듣습니다.
- 중요하거나 필요한 내용은 메모하면서 듣고, 발표 내용 중에서 의문이 있으면 질문합니다.

- 발표 중에 실수가 있더라도 비웃거나 부적합한 행동을 하지 않습니다.
- 발표 내용을 분석하고 평가하면서 듣고, 탐구 방법과 과정을 자기 모둠과 비교하여 우수한 점을 본받도록 합니다.

3. 평가하기

탐구의 목적은 지식 습득이 아니라 창의적 문제 해결력을 키우는 것입니다. 또한, 개인별, 조별로 탐구 주제와 내용이 다르므로 시험으로 평가하는 것은 옳은 방법이 아닙니다. 주로 탐구 활동을 관찰하거나 탐구계획서와 탐구보고서를 검토하고 면담을 통한 방법으로 평가가 진행됩니다.

평가 기준

① 탐구 주제의 선정과 계획 세우기 과정의 자율성과 창의성
② 문제 해결 과정의 자율성, 협동성, 과학성
③ 발표 방법의 적절성, 창의성 등

안쌤의 신박한 과학 탐구보고서의 구성과 특징

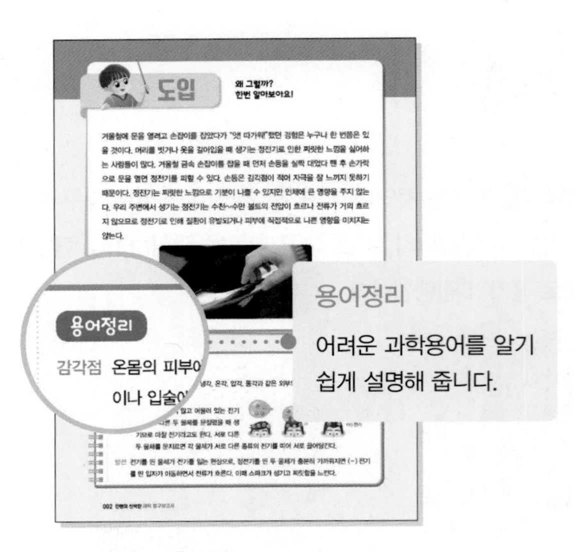

STEP 1 도입

• 일상에서 일어나는 상황 속에서 탐구 주제를 찾아요.

STEP 2 개념탐구

• 문제를 통해 과학적 개념을 이해해요.

STEP 4 융합탐구

• 실험 결과를 이용해서 융합탐구 문제를 해결해요.

STEP 5 평가하기

• 탐구 활동을 스스로 평가해요.

STEP 3 실험탐구

• 한 가지 주제에 대해 다양한 가설을 세워 탐구보고서를 작성해요.
탐구 1, 2를 통해 탐구보고서 작성을 연습하고, 탐구 3에서 각자 탐구 주제에 알맞은 가설을 설정해 직접 탐구보고서를 작성해요.

탐구 1

QR코드로 실험 영상을 확인하고, 탐구보고서를 작성해요.

탐구 2

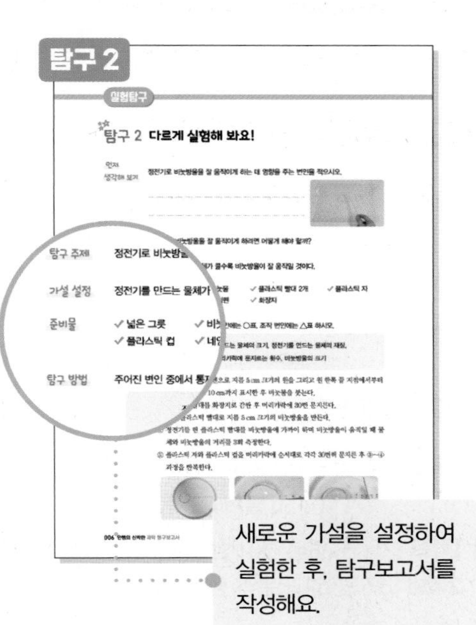

새로운 가설을 설정하여 실험한 후, 탐구보고서를 작성해요.

탐구 3

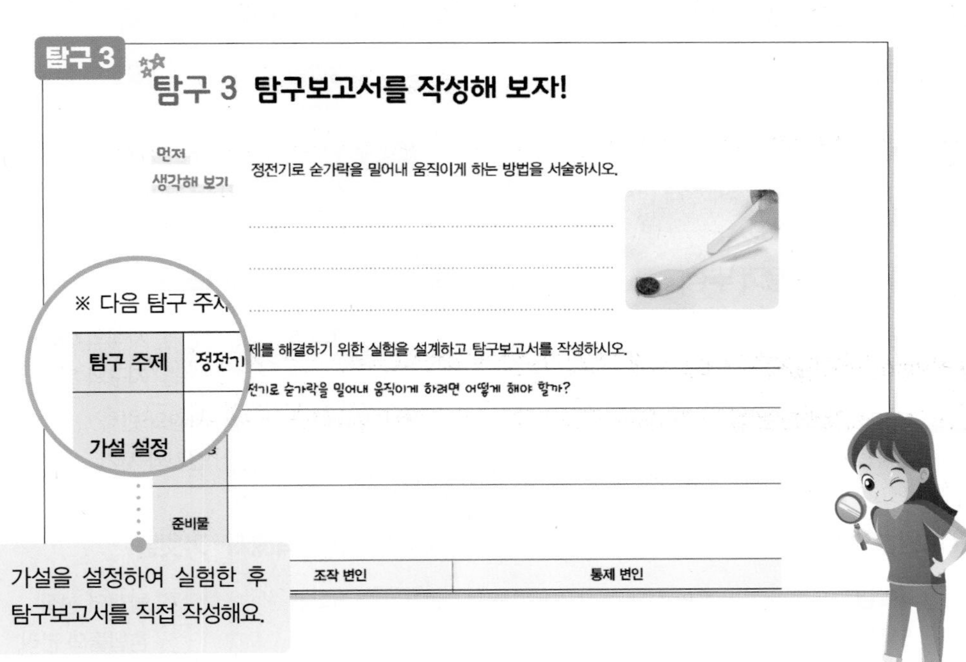

가설을 설정하여 실험한 후 탐구보고서를 직접 작성해요.

안쌤의 신박한 과학 탐구보고서의
차례와 교과 연계표

01

앗! 따가워~

정전기!

- 정전기는 어떻게 생길까?
- 정전기로 물체를 움직일 수 있을까?

왜 그럴까?
한번 알아보아요!

겨울철에 문을 열려고 손잡이를 잡았다가 “앗! 따가워!”했던 경험은 누구나 한 번쯤은 있을 것이다. 머리를 빗거나 옷을 갈아입을 때 생기는 정전기로 인한 찌릿한 느낌을 싫어하는 사람들이 많다. 겨울철 금속 손잡이를 잡을 때 먼저 손등을 살짝 대었다 뗀 후 손가락으로 문을 열면 정전기를 피할 수 있다. 손등은 감각점이 적어 자극을 잘 느끼지 못하기 때문이다. 정전기는 찌릿한 느낌으로 기분이 나쁠 수 있지만 인체에 큰 영향을 주지 않는다. 우리 주변에서 생기는 정전기는 수천~수만 볼트의 전압이 흐르나 전류가 거의 흐르지 않으므로 정전기로 인해 질환이 유발되거나 피부에 직접적으로 나쁜 영향을 미치지는 않는다.

용어정리

감각점 온몸의 피부에 분포되어 냉각, 온각, 압각, 통각과 같은 외부의 자극을 느끼는 부위로, 손끝이나 입술에 많다.

정전기 정전기는 흐르지 않고 머물러 있는 전기로, 서로 다른 두 물체를 문질렀을 때 생기므로 마찰 전기라고도 한다. 서로 다른 두 물체를 문지르면 각 물체가 서로 다른 종류의 전기를 띠어 서로 끌어당긴다.

이동
(−) 전기
서로 끌어당김
(+) 전기

방전 전기를 띤 물체가 전기를 잃는 현상으로, 정전기를 띤 두 물체가 충분히 가까워지면 (−) 전기를 띤 입자가 이동하면서 전류가 흐른다. 이때 스파크가 생기고 찌릿함을 느낀다.

미리 확인하는 과학 개념

1. 겨울철에 플라스틱 빗으로 머리를 빗으면 빗에 머리카락이 달라붙어 올라오고 털모자를 벗으면 머리카락이 털모자에 달라붙어 올라온다. 그 이유를 서술하시오.

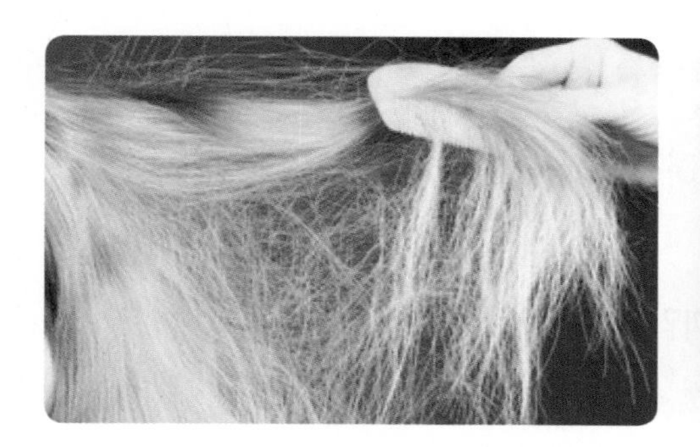

2. 머리카락에 문지른 자를 비눗방울에 가까이 하면 비눗방울이 자에 끌려오고 자를 따라 움직인다. 그 이유를 서술하시오.

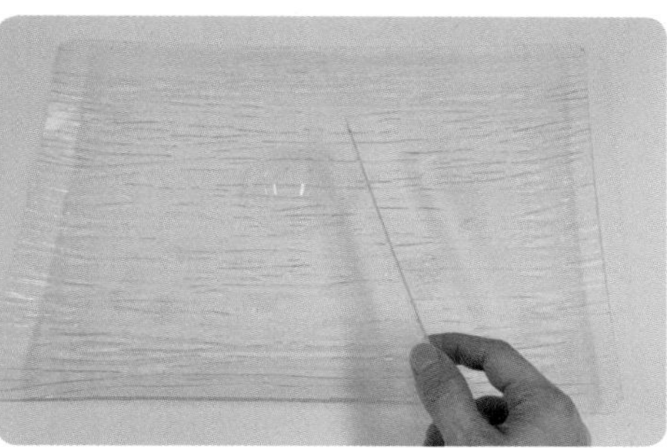

영상 보러가기

실험탐구

탐구 1 과학자가 되어 실험해 볼까?

먼저 생각해 보기 정전기가 생기는 이유를 서술하시오.

....

....

탐구 주제 정전기가 생기는 이유는 무엇일까?

가설 설정 서로 다른 두 물체를 문지르면 정전기가 생길 것이다.

준비물
- ✓ 플라스틱 빨대 2개
- ✓ 플라스틱 컵
- ✓ 플라스틱 숟가락
- ✓ 알루미늄 포일
- ✓ 화장지
- ✓ 종이
- ✓ 가위

탐구 방법 주어진 변인 중에서 통제 변인에는 ○표, 조작 변인에는 △표 하시오.

종잇조각의 크기, 빨대를 문지르는 물체의 종류, 문지르는 횟수

영상 보러가기

① 종이를 가로, 세로 0.5 cm 크기로 작게 여러 개 자른다.
② 플라스틱 빨대를 종잇조각에 가까이 하여 정전기가 없는지 확인한다.
③ 플라스틱 빨대를 화장지로 감싸 잡은 후 빨대 2개를 서로 30번 문지른다.
④ 빨대를 종잇조각에 가까이 한다.
⑤ 플라스틱 빨대에 종잇조각이 붙으면 입김을 불어 정전기를 없앤 후 종잇조각에 가까이 하여 정전기가 없는지 확인한다.
⑥ 정전기가 없는 플라스틱 빨대를 플라스틱 컵, 플라스틱 숟가락, 알루미늄 포일, 화장지, 종이, 머리카락에 순서대로 각각 30번씩 문지른 후 ④~⑤ 과정을 반복한다.

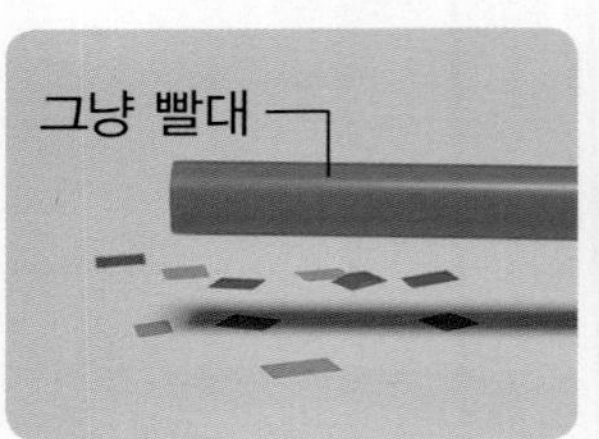

★TIP★ 4쪽 QR코드를 찍어 영상을 확인한 후 탐구 결과를 작성해 보세요.

탐구 결과

여러 가지 물체에 문지른 플라스틱 빨대를 종잇조각에 가까이 할 때 변화

구분	종잇조각의 변화
플라스틱 빨대	
플라스틱 컵	
플라스틱 숟가락	
알루미늄 포일	
화장지	
종이	
머리카락	

탐구 결론

탐구 결과를 이용하여 탐구 결론을 정리하시오.

가설 판단

탐구 결과를 통해 가설이 옳은지, 옳지 않은지 판단하시오.

서로 다른 두 물체를 문지르면 정전기가 생길 것이다. (O / X)

★TIP★ 설정한 가설이 옳지 않을 경우, 가설을 재설정하여 다시 실험을 진행합니다.

더 알아보기

1. 탐구 활동 중 생긴 문제점과 해결 방법을 서술하시오.

2. 탐구 활동을 한 후 더 알아보고 싶은 점을 서술하시오.

실험탐구

탐구 2 다르게 실험해 봐요!

먼저 생각해 보기 정전기로 비눗방울을 잘 움직이게 하는 데 영향을 주는 변인을 적으시오.

....

....

탐구 주제 정전기로 비눗방울을 잘 움직이게 하려면 어떻게 해야 할까?

가설 설정 정전기를 만드는 물체가 클수록 비눗방울이 잘 움직일 것이다.

준비물
- ✓ 넓은 그릇
- ✓ 비눗물
- ✓ 플라스틱 빨대 2개
- ✓ 플라스틱 자
- ✓ 플라스틱 컵
- ✓ 네임펜
- ✓ 화장지

탐구 방법 주어진 변인 중에서 통제 변인에는 ○표, 조작 변인에는 △표 하시오.

> 정전기를 만드는 물체의 크기, 정전기를 만드는 물체의 재질,
> 머리카락에 문지르는 횟수, 비눗방울의 크기

영상 보러가기

① 넓은 그릇에 네임펜으로 지름 5 cm 크기의 원을 그리고 원 한쪽 끝 지점에서부터 1 cm 간격으로 10 cm까지 표시한 후 비눗물을 붓는다.

② 플라스틱 빨대를 화장지로 감싼 후 머리카락에 30번 문지른다.

③ 다른 플라스틱 빨대로 지름 5 cm 크기의 비눗방울을 만든다.

④ 정전기를 띤 플라스틱 빨대를 비눗방울에 가까이 하며 비눗방울이 움직일 때 물체와 비눗방울의 거리를 3회 측정한다.

⑤ 플라스틱 자와 플라스틱 컵을 머리카락에 순서대로 각각 30번씩 문지른 후 ③~④ 과정을 반복한다.

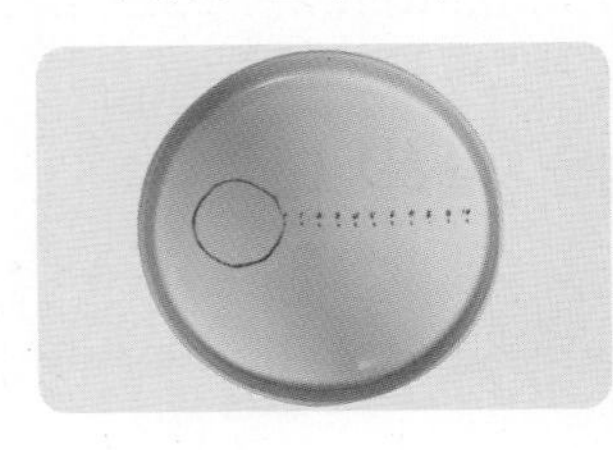

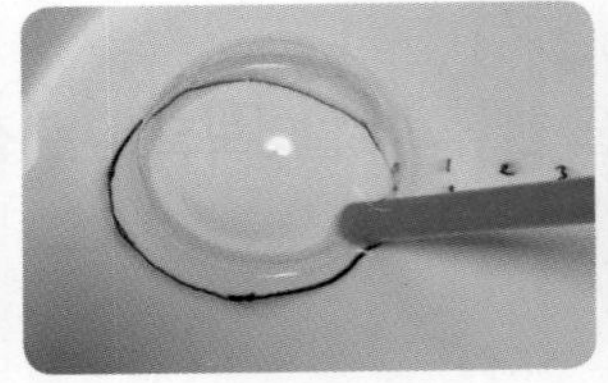

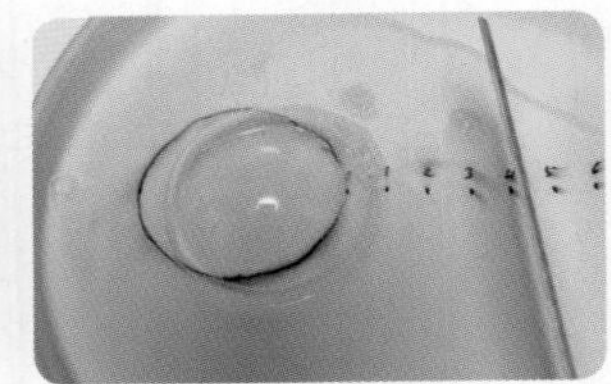

★TIP★ 6쪽 QR코드를 찍어 영상을 확인한 후 탐구 결과를 작성해 보세요.

탐구 결과 비눗방울이 움직이기 시작할 때 물체와 비눗방울의 거리

구분	비눗방울이 움직이기 시작할 때 물체와 비눗방울의 거리(cm)			
	1회	2회	3회	평균
플라스틱 빨대				
플라스틱 자				
플라스틱 컵				

탐구 결론 탐구 결과를 이용하여 탐구 결론을 정리하시오.

가설 판단 탐구 결과를 통해 가설이 옳은지, 옳지 않은지 판단하시오.

정전기를 만드는 물체가 클수록 비눗방울이 잘 움직일 것이다. (O / X)

★TIP★ 설정한 가설이 옳지 않을 경우, 가설을 재설정하여 다시 실험을 진행합니다.

더 알아보기 1. 탐구 활동 중 생긴 문제점과 해결 방법을 서술하시오.

2. 탐구 활동을 한 후 더 알아보고 싶은 점을 서술하시오.

실험탐구

탐구 3 탐구보고서를 작성해 보자!

먼저 생각해 보기

정전기로 숟가락을 밀어내 움직이게 하는 방법을 서술하시오.

※ 다음 탐구 주제를 해결하기 위한 실험을 설계하고 탐구보고서를 작성하시오.

<table>
<tr><td>탐구 주제</td><td colspan="2">정전기로 숟가락을 밀어내 움직이게 하려면 어떻게 해야 할까?</td></tr>
<tr><td>가설 설정</td><td colspan="2"></td></tr>
<tr><td>준비물</td><td colspan="2"></td></tr>
<tr><td rowspan="4">탐구 방법</td><td>조작 변인</td><td>통제 변인</td></tr>
<tr><td></td><td></td></tr>
<tr><td colspan="2">활동 사진과 함께 설명을 적으세요.</td></tr>
<tr><td colspan="2"></td></tr>
</table>

<table>
<tr><td>탐구 결과</td><td colspan="2"></td></tr>
<tr><td>탐구 결론</td><td colspan="2"></td></tr>
<tr><td>가설 판단</td><td colspan="2"></td></tr>
<tr><td rowspan="4">더
알아보기</td><td>탐구 활동 중 생긴 문제점</td><td>해결 방법</td></tr>
<tr><td></td><td></td></tr>
<tr><td colspan="2">더 알아보고 싶은 점</td></tr>
<tr><td colspan="2"></td></tr>
</table>

보고서를 발표하기 위한 PPT를 만들고, 발표 동영상을 촬영해 보세요.

- PPT에는 준비물과 실험하는 전체 장면 사진이 포함되어야 합니다.
- 동영상 처음에 "이 과제는 모두 제가 혼자 힘으로 해결했습니다."라는 말이 들어가도록 합니다.

융합탐구

실험 결과를 이용해 볼까?

1. 겨울철에 정전기가 생기는 것을 줄이는 방법을 서술하시오.

2. 먼지떨이는 정전기가 물체를 끌어당기는 힘을 이용한 청소 도구이다. 먼지떨이를 효과적으로 사용할 수 있는 방법을 서술하시오.

3. 우리 주변에서 정전기를 활용할 수 있는 방법을 서술하시오.

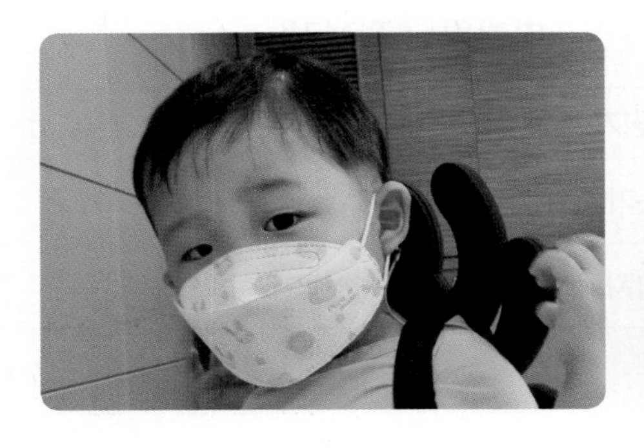

평가하기

※ 탐구 활동을 스스로 평가해 보세요.

주제	앗! 따가워~ 정전기!			
평가 항목	평가 내용	상	중	하
탐구 계획	주제에 맞게 가설 설정을 했는가?	✓		
	탐구 방법이 너무 쉽지도 어렵지도 않은 적당한 수준인가?			
	탐구 계획이 주제에 맞는가?			
탐구 과정	측정 대상과 방법이 적절한가?			
	결과를 측정하기 위해 적절한 도구를 사용했는가?			
	변인 통제를 바르게 했는가?			
	탐구 과정이 타당하고 올바른가?			
	탐구 계획대로 올바르게 수행했는가?			
탐구 결과 및 결론	탐구 결과를 보기 좋게 표나 그래프로 나타내었는가?			
	탐구 결과에 대한 결론 해석이 타당한가?			
	여러 번 실험한 후 탐구 결과의 평균값을 사용했는가?			
	실험 전 예상한 결과와 탐구 결과가 같은가?			
더 알고 싶은 점	가설과 탐구 결과가 다를 때 그 이유를 추리하여 설명했는가?			
	탐구 활동 중 생긴 문제점과 해결 방법을 설명했는가?			
	탐구 활동을 통해 알게 된 점을 우리 생활과 연관지어 설명했는가?			
탐구보고서 작성	탐구 과정과 탐구 결과를 보기 좋게 정리했는가?			
종합 및 기타 의견				

02

앗! 저절로 움직여~

그릇!

- 그릇이 식탁 위에서 저절로 움직이는 이유는 무엇일까?
- 어떻게 하면 병 입구에 놓인 동전을 많이 들썩이게 할 수 있을까?

왜 그럴까?
한번 알아보아요!

뜨거운 국이 있는 그릇을 식탁에 놓으면 마술처럼 그릇이 저절로 움직이는 경우가 있다. 이런 현상은 대부분 젖은 행주로 닦아 물기가 있는 식탁에 뜨거운 국이 들어 있는 가벼운 플라스틱 그릇을 놓을 경우 나타난다. 그릇이 갑자기 저절로 움직이면 신기하기도 하지만, 그릇이 식탁 아래로 떨어질 것 같아 놀라거나 불편함을 느낄 수도 있다. 뜨거운 음식을 담았을 때 움직이는 그릇의 공통점은 그릇 바닥에 오목한 공간이 있다는 것이다. 뜨거운 음식이 담긴 그릇이 저절로 움직이는 이유는 무엇일까?

용어정리

기체 일정한 모양과 부피를 가지지 않아 담는 그릇에 따라 모양과 부피가 변하며, 균일하게 퍼져 그릇을 항상 가득 채우는 물질의 상태이다. 입자들 사이의 거리가 매우 멀어 밀도가 낮다.

부피 물체나 물질이 공간에서 차지하는 크기로, 단위로는 cm^3, mL, L가 있다.

샤를 법칙 압력이 일정할 때 기체의 부피는 기체의 온도에 비례한다.

기체의 압력 기체 입자가 움직이면서 용기 벽면에 충돌할 때 단위 넓이에 수직으로 작용하는 힘의 크기이다. 온도가 높을수록 기체의 압력이 커진다.

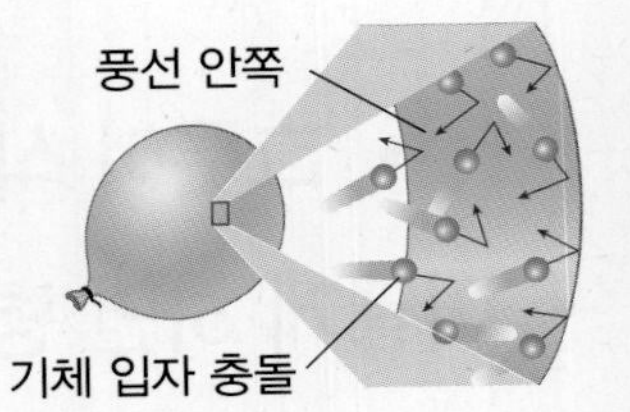

미리 확인하는 과학 개념

1. 뜨거운 음식을 비닐 랩으로 덮으면 비닐 랩이 부풀어 오른다. 그 이유를 서술하시오.

2. 차가운 빈병 입구에 물을 묻힌 동전을 올린 후 병을 양손으로 감싸면 동전이 들썩인다. 그 이유를 서술하시오.

영상 보러가기

실험탐구

탐구 1 과학자가 되어 실험해 볼까?

먼저 생각해 보기

뜨거운 음식이 담긴 그릇이 저절로 움직인다. 그 이유를 서술하시오.

....

....

....

탐구 주제

뜨거운 음식이 담긴 그릇이 저절로 움직이는 이유는 무엇일까?

가설 설정

그릇에 뜨거운 음식을 담으면 그릇 바닥의 오목한 공간에 있는 공기의 부피가 증가하기 때문에 그릇이 저절로 움직일 것이다.

준비물

- ✓ 바닥이 오목한 그릇
- ✓ 뜨거운 물
- ✓ 실온의 물
- ✓ 차가운 물
- ✓ 온도계
- ✓ 물티슈

탐구 방법

주어진 변인 중에서 통제 변인에는 ○표, 조작 변인에는 △표 하시오.

그릇의 종류, 물의 온도, 그릇에 담는 물의 양, 식탁의 물기, 식탁 표면의 거친 정도

영상 보러가기

① 물기가 많은 물티슈로 표면이 매끄러운 식탁을 닦는다.

② 식탁에 실온의 물을 절반 정도 넣은 그릇을 놓고 움직임을 관찰한다.

③ 다양한 온도의 물을 넣은 그릇으로 ①~② 과정을 반복한다.

★TIP★ 16쪽 QR코드를 찍어 영상을 확인한 후 탐구 결과를 작성해 보세요.

탐구 결과

그릇에 담은 물의 온도에 따른 그릇의 움직임의 변화

온도(℃)					
그릇의 움직임					

탐구 결론

탐구 결과를 이용하여 탐구 결론을 정리하시오.

가설 판단

탐구 결과를 통해 가설이 옳은지, 옳지 않은지 판단하시오.

그릇에 뜨거운 음식을 담으면 그릇 바닥의 오목한 공간에 있는 공기의 부피가 증가하기 때문에 그릇이 저절로 움직일 것이다. (O/X)

★TIP★ 설정한 가설이 옳지 않을 경우, 가설을 재설정하여 다시 실험을 진행합니다.

더 알아보기

1. 탐구 활동 중 생긴 문제점과 해결 방법을 서술하시오.

2. 탐구 활동을 한 후 더 알아보고 싶은 점을 서술하시오.

실험탐구

탐구 2 다르게 실험해 봐요!

먼저 생각해 보기 뜨거운 음식이 담긴 그릇이 저절로 움직이는 데 영향을 주는 변인을 적으시오.

....

....

탐구 주제 뜨거운 음식이 담긴 그릇이 저절로 잘 움직이는 경우는 언제일까?

가설 설정 식탁에 물기가 많고 표면이 매끄러울 때 뜨거운 음식이 담긴 그릇이 저절로 잘 움직일 것이다.

준비물

- ✔ 바닥이 오목한 그릇
- ✔ 뜨거운 물
- ✔ 물티슈
- ✔ 매끄러운 식탁
- ✔ 나무바닥
- ✔ 코팅된 책상

탐구 방법

1. 식탁의 물기와 그릇의 움직임 알아보기

주어진 변인 중에서 통제 변인에는 ○표, 조작 변인에는 △표 하시오.

그릇의 종류, 물의 온도, 그릇에 담는 물의 양, 식탁의 물기, 표면의 거친 정도

영상 보러가기

① 마른 식탁에 뜨거운 물을 절반 정도 넣은 그릇을 놓고 움직임을 관찰한다.

② 물기가 있는 식탁에 뜨거운 물을 절반 정도 넣은 그릇을 놓고 움직임을 관찰한다.

2. 표면의 거친 정도와 그릇의 움직임 알아보기

주어진 변인 중에서 통제 변인에는 ○표, 조작 변인에는 △표 하시오.

그릇의 종류, 물의 온도, 그릇에 담는 물의 양, 식탁의 물기, 표면의 거친 정도

영상 보러가기

① 물기가 많은 물티슈로 표면이 매끄러운 식탁을 닦는다.

② 뜨거운 물을 절반 정도 넣은 그릇을 물기가 있는 식탁에 놓고 움직임을 관찰한다.

③ 표면의 거친 정도가 다른 표면에서 ①~② 과정을 반복한다.

★TIP★ 18쪽 QR코드를 찍어 영상을 확인한 후 탐구 결과를 작성해 보세요.

탐구 결과

1. 식탁의 물기와 그릇의 움직임

식탁의 물기	마른 식탁	물기가 있는 식탁
그릇의 움직임		

2. 표면의 거친 정도와 그릇의 움직임

표면의 거친 정도	매끄러운 식탁		
그릇의 움직임			

탐구 결론

탐구 결과를 이용하여 탐구 결론을 정리하시오.

가설 판단

탐구 결과를 통해 가설이 옳은지, 옳지 않은지 판단하시오.

식탁에 물기가 많고 표면이 매끄러울 때 뜨거운 음식이 담긴 그릇이 저절로 잘 움직일 것이다. (O/X)

★TIP★ 설정한 가설이 옳지 않을 경우, 가설을 재설정하여 다시 실험을 진행합니다.

더 알아보기

1. 탐구 활동 중 생긴 문제점과 해결 방법을 서술하시오.

2. 탐구 활동을 한 후 더 알아보고 싶은 점을 서술하시오.

실험탐구

탐구 3 탐구보고서를 작성해 보자!

먼저 생각해 보기 병 위에 올린 동전이 들썩이는 데 영향을 주는 변인을 적으시오.

....

....

....

※ 다음 탐구 주제를 해결하기 위한 실험을 설계하고 탐구보고서를 작성하시오.

<table>
<tr><th>탐구 주제</th><td colspan="2">병 위에 올린 동전을 많이 들썩이게 하려면 어떻게 해야 할까?</td></tr>
<tr><th>가설 설정</th><td colspan="2"></td></tr>
<tr><th>준비물</th><td colspan="2"></td></tr>
<tr><th rowspan="4">탐구 방법</th><td>조작 변인</td><td>통제 변인</td></tr>
<tr><td></td><td></td></tr>
<tr><td colspan="2">활동 사진과 함께 설명을 적으세요.</td></tr>
<tr><td colspan="2"></td></tr>
</table>

탐구 결과		
탐구 결론		
가설 판단		
더 알아보기	탐구 활동 중 생긴 문제점	해결 방법
	더 알아보고 싶은 점	

보고서를 발표하기 위한 PPT를 만들고, 발표 동영상을 촬영해 보세요.

- PPT에는 준비물과 실험하는 전체 장면 사진이 포함되어야 합니다.
- 동영상 처음에 "이 과제는 모두 제가 혼자 힘으로 해결했습니다."라는 말이 들어가도록 합니다.

융합탐구

실험 결과를 이용해 볼까?

1. 뜨거운 음식이 담긴 그릇이 저절로 움직이지 않게 하는 방법을 서술하시오.

영상 보러가기

2. 갈릴레이는 최초의 온도계를 만든 과학자이다. 관이 달린 둥근 모양의 그릇을 양손으로 감싸 따뜻하게 한 후 둥근 부분이 위를 향하도록 물속에 세워 물의 높이 변화로 온도 변화를 측정했다. 이때 온도가 높아질 때 물의 높이 변화를 서술하시오.

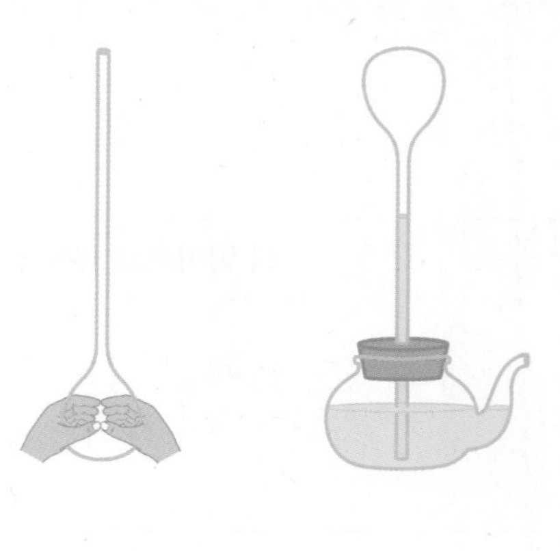

3. 우리 주변에서 온도가 높아질 때 기체의 부피가 증가하는 현상을 활용하는 경우를 서술하시오.

평가하기

※ 탐구 활동을 스스로 평가해 보세요.

주제	앗! 저절로 움직여~ 그릇!			
평가 항목	평가 내용	상	중	하
탐구 계획	주제에 맞게 가설 설정을 했는가?	✓		
	탐구 방법이 너무 쉽지도 어렵지도 않은 적당한 수준인가?			
	탐구 계획이 주제에 맞는가?			
탐구 과정	측정 대상과 방법이 적절한가?			
	결과를 측정하기 위해 적절한 도구를 사용했는가?			
	변인 통제를 바르게 했는가?			
	탐구 과정이 타당하고 올바른가?			
	탐구 계획대로 올바르게 수행했는가?			
탐구 결과 및 결론	탐구 결과를 보기 좋게 표나 그래프로 나타내었는가?			
	탐구 결과에 대한 결론 해석이 타당한가?			
	여러 번 실험한 후 탐구 결과의 평균값을 사용했는가?			
	실험 전 예상한 결과와 탐구 결과가 같은가?			
더 알고 싶은 점	가설과 탐구 결과가 다를 때 그 이유를 추리하여 설명했는가?			
	탐구 활동 중 생긴 문제점과 해결 방법을 설명했는가?			
	탐구 활동을 통해 알게 된 점을 우리 생활과 연관지어 설명했는가?			
탐구보고서 작성	탐구 과정과 탐구 결과를 보기 좋게 정리했는가?			
종합 및 기타 의견				

03

앗! 저절로 찌그러져~ 생수병!

- 여름철 냉장고 안의 생수병은 왜 저절로 찌그러질까?
- 어떻게 하면 풍선이 병 안으로 들어가 커지게 할 수 있을까?

왜 그럴까?
한번 알아보아요!

물이 조금 남아 있는 생수병의 뚜껑을 꽉 닫아 냉장고에 넣어 두었다가 몇 시간 후 냉장고를 열어 보면 생수병이 저절로 찌그러져 있는 경우가 있다. 이런 현상은 주로 여름철에 일어나며, 단단한 페트병이나 유리병보다 말랑말랑한 생수병에서 더 잘 나타난다.
냉장고 안에서 생수병이 저절로 찌그러지는 이유는 무엇일까?

용어정리

온도 물체의 차갑고 뜨거운 정도를 숫자로 표시한 물리량이다. 섭씨온도는 1기압에서 물의 어는점을 0 ℃로, 물의 끓는점을 100 ℃로 정한 후 100등분하여 만든다.

절대온도 켈빈온도라고도 하며, 단위는 K(켈빈)이다. 절대영도를 온도의 기준점인 0 K로 하며, 절대영도는 자연에서 존재할 수 있는 가장 낮은 온도이다. 절대영도 0 K는 −273.15 ℃이다.

샤를 법칙 압력이 일정할 때 기체의 부피는 기체의 온도에 비례한다.

부피
−273.15
0
온도(℃)

대기압 공기의 무게에 의해 생기는 대기의 압력으로, 1기압은 76 cm의 수은 기둥이 누르는 압력과 같다.

미리 확인하는 과학 개념

1. 풍선을 차가운 액체 질소에 넣으면 어떻게 되는지 서술하시오.

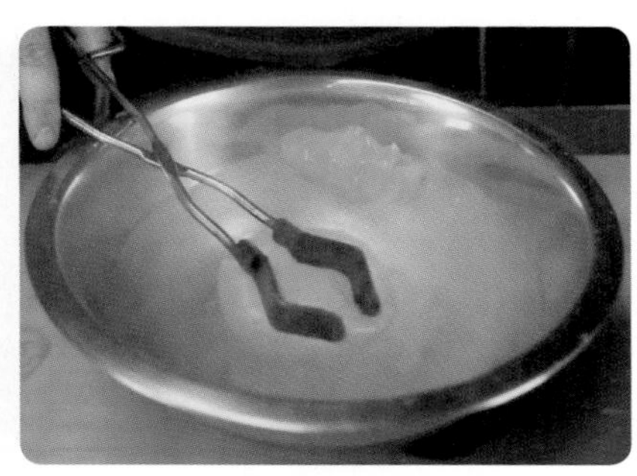

2. 빈 병을 뜨거운 물로 헹군 후 입구에 풍선을 씌우고 찬물에 넣으면 어떻게 되는지 서술하시오.

영상 보러가기

탐구 1 과학자가 되어 실험해 볼까?

먼저 생각해 보기 여름철 냉장고 안에서 생수병이 저절로 찌그러진다. 그 이유를 서술하시오.

....

....

....

탐구 주제 여름철 냉장고 안에서 생수병이 저절로 찌그러지는 이유는 무엇일까?

가설 설정 생수병 안의 공기의 부피가 감소하기 때문에 생수병이 저절로 찌그러질 것이다.

준비물
✓ 뚜껑이 있는 2 L짜리 생수병 3개 ✓ 온도계 ✓ 얼음물
✓ 실온의 물 ✓ 따뜻한 물 ✓ 큰 그릇 ✓ 컵 ✓ 깔때기

탐구 방법 주어진 변인 중에서 통제 변인에는 ○표, 조작 변인에는 △표 하시오.

> 생수병의 크기, 생수병의 재질, 생수병 안에 넣는 물의 온도, 생수병 안에 넣는 물의 양, 생수병을 담그는 물의 온도, 생수병을 물에 담그는 정도, 생수병을 물에 담그는 시간

영상 보러가기

① 2 L짜리 생수병 3개를 따뜻한 물로 헹군 후 따뜻한 물을 200 mL씩 넣고 뚜껑을 꽉 닫는다.

② 각 생수병을 얼음물에, 실온의 물에, 따뜻한 물에 1분 동안 담근 후 변화를 관찰한다.

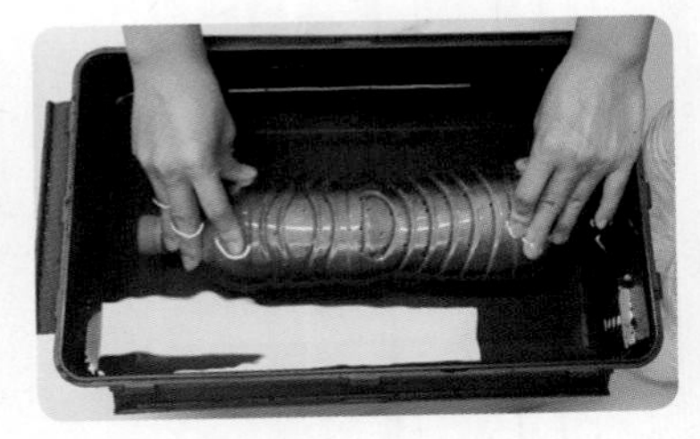

★TIP★ 28쪽 QR코드를 찍어 영상을 확인한 후 탐구 결과를 작성해 보세요.

탐구 결과

생수병을 담그는 물의 온도와 생수병 모양의 변화

물의 온도	얼음물, 5 ℃	실온의 물, 27 ℃	따뜻한 물, 44 ℃
생수병 모양의 변화			

탐구 결론

탐구 결과를 이용하여 탐구 결론을 정리하시오.

가설 판단

탐구 결과를 통해 가설이 옳은지, 옳지 않은지 판단하시오.

생수병 안의 공기의 부피가 감소하기 때문에 생수병이 저절로 찌그러질 것이다. (O / X)

★TIP★ 설정한 가설이 옳지 않을 경우, 가설을 재설정하여 다시 실험을 진행합니다.

더 알아보기

1. 탐구 활동 중 생긴 문제점과 해결 방법을 서술하시오.

2. 탐구 활동을 한 후 더 알아보고 싶은 점을 서술하시오.

실험탐구

탐구 2 다르게 실험해 봐요!

먼저 생각해 보기 여름철 냉장고 안에서 생수병이 저절로 찌그러지는 데 영향을 주는 변인을 적으시오.

....

....

....

탐구 주제 냉장고 안에서 생수병이 저절로 잘 찌그러지는 경우는 언제일까?

가설 설정 생수병 안에 공기의 양이 많을수록 생수병이 저절로 잘 찌그러질 것이다.

준비물
- ✓ 뚜껑이 있는 2 L짜리 생수병 3개
- ✓ 얼음물
- ✓ 따뜻한 물
- ✓ 큰 그릇
- ✓ 컵
- ✓ 깔때기
- ✓ 온도계

탐구 방법 주어진 변인 중에서 통제 변인에는 ○표, 조작 변인에는 △표 하시오.

생수병의 크기, 생수병의 재질, 생수병 안에 넣는 물의 온도, 생수병 안에 넣는 물의 양, 생수병을 담그는 물의 온도, 생수병을 물에 담그는 정도, 생수병을 물에 담그는 시간

영상 보러가기

① 2 L짜리 생수병 3개를 따뜻한 물로 헹군 후 따뜻한 물을 0.2 L, 1 L, 2 L씩 넣고 뚜껑을 꽉 닫는다.

② 각 생수병을 얼음물에 1분 동안 담근 후 변화를 관찰한다.

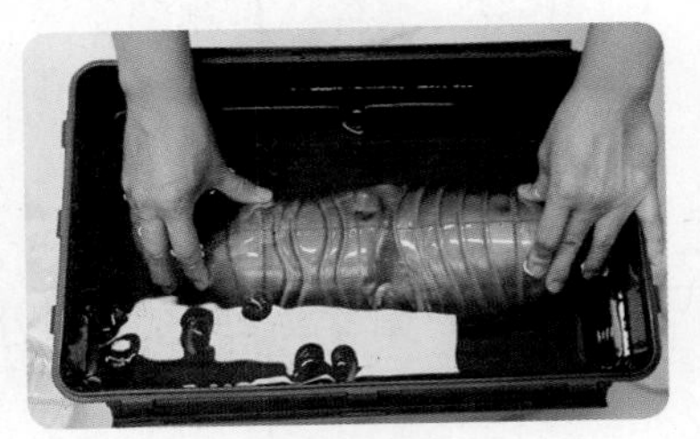

★TIP★ 30쪽 QR코드를 찍어 영상을 확인한 후 탐구 결과를 작성해 보세요.

탐구 결과 생수병 안의 공기의 양과 생수병 모양의 변화

물의 양(L)	0.2	1	2
생수병 모양의 변화			

탐구 결론 탐구 결과를 이용하여 탐구 결론을 정리하시오.

....

....

....

....

가설 판단 탐구 결과를 통해 가설이 옳은지, 옳지 않은지 판단하시오.

생수병 안에 공기의 양이 많을수록 생수병이 저절로 잘 찌그러질 것이다. (O / X)

★TIP★ 설정한 가설이 옳지 않을 경우, 가설을 재설정하여 다시 실험을 진행합니다.

더 알아보기 1. 탐구 활동 중 생긴 문제점과 해결 방법을 서술하시오.

....

....

....

2. 탐구 활동을 한 후 더 알아보고 싶은 점을 서술하시오.

....

....

실험탐구

탐구 3 탐구보고서를 작성해 보자!

먼저 생각해 보기

풍선이 병 안으로 들어가는 데 영향을 주는 변인을 적으시오.

....

....

....

※ 다음 탐구 주제를 해결하기 위한 실험을 설계하고 탐구보고서를 작성하시오.

<table>
<tr><td>탐구 주제</td><td colspan="2">풍선이 병 안으로 들어가 커지게 하려면 어떻게 해야 할까?</td></tr>
<tr><td>가설 설정</td><td colspan="2"></td></tr>
<tr><td>준비물</td><td colspan="2"></td></tr>
<tr><td rowspan="4">탐구 방법</td><td>조작 변인</td><td>통제 변인</td></tr>
<tr><td></td><td></td></tr>
<tr><td colspan="2">활동 사진과 함께 설명을 적으세요.</td></tr>
<tr><td colspan="2"></td></tr>
</table>

<table>
<tr><td>탐구 결과</td><td colspan="2"></td></tr>
<tr><td>탐구 결론</td><td colspan="2"></td></tr>
<tr><td>가설 판단</td><td colspan="2"></td></tr>
<tr><td rowspan="4">더
알아보기</td><td>탐구 활동 중 생긴 문제점</td><td>해결 방법</td></tr>
<tr><td></td><td></td></tr>
<tr><td colspan="2">더 알아보고 싶은 점</td></tr>
<tr><td colspan="2"></td></tr>
</table>

보고서를 발표하기 위한 PPT를 만들고, 발표 동영상을 촬영해 보세요.

- PPT에는 준비물과 실험하는 전체 장면 사진이 포함되어야 합니다.
- 동영상 처음에 “이 과제는 모두 제가 혼자 힘으로 해결했습니다.”라는 말이 들어가도록 합니다.

융합탐구

실험 결과를 이용해 볼까?

1. 냉장고 안에서 생수병이 저절로 찌그러지지 않게 하는 방법을 서술하시오.

영상 보러가기

2. 삶은 달걀이 병 안으로 저절로 들어가게 하는 방법을 서술하시오.

정답과 해설 19쪽

3. 우리 주변에서 온도가 낮아질 때 기체의 부피가 감소하는 현상을 활용하는 경우를 서술하시오.

평가하기

※ 탐구 활동을 스스로 평가해 보세요.

주제	앗! 저절로 찌그러져~ 생수병!			
평가 항목	평가 내용	상	중	하
탐구 계획	주제에 맞게 가설 설정을 했는가?	✓		
	탐구 방법이 너무 쉽지도 어렵지도 않은 적당한 수준인가?			
	탐구 계획이 주제에 맞는가?			
탐구 과정	측정 대상과 방법이 적절한가?			
	결과를 측정하기 위해 적절한 도구를 사용했는가?			
	변인 통제를 바르게 했는가?			
	탐구 과정이 타당하고 올바른가?			
	탐구 계획대로 올바르게 수행했는가?			
탐구 결과 및 결론	탐구 결과를 보기 좋게 표나 그래프로 나타내었는가?			
	탐구 결과에 대한 결론 해석이 타당한가?			
	여러 번 실험한 후 탐구 결과의 평균값을 사용했는가?			
	실험 전 예상한 결과와 탐구 결과가 같은가?			
더 알고 싶은 점	가설과 탐구 결과가 다를 때 그 이유를 추리하여 설명했는가?			
	탐구 활동 중 생긴 문제점과 해결 방법을 설명했는가?			
	탐구 활동을 통해 알게 된 점을 우리 생활과 연관지어 설명했는가?			
탐구보고서 작성	탐구 과정과 탐구 결과를 보기 좋게 정리했는가?			
종합 및 기타 의견				

04

웃! 안 열려~

밀폐 용기 뚜껑!

- 안으로 쏙 들어간 밀폐 용기 뚜껑은 왜 열리지 않을까?
- 물이 든 컵을 종이로 덮고 뒤집으면 왜 물이 쏟아지지 않을까?

왜 그럴까?
한번 알아보아요!

밀폐 용기에 뜨거운 음식을 담고 바로 뚜껑을 닫아 냉장고에 보관하면 나중에 뚜껑이 잘 열리지 않는다. 이때 뚜껑은 가운데 부분이 아래로 쏙 들어가 있고 뚜껑 안쪽에 물방울이 맺혀 있는 경우가 많다. 그러나 틈이 약간 있는 용기에 뜨거운 음식을 담고 바로 뚜껑을 닫아 냉장고에 보관하면 나중에 뚜껑이 잘 열린다.

뜨거운 음식을 담은 밀폐 용기가 식었을 때 뚜껑이 잘 열리지 않는 이유는 무엇일까?

용어정리

액화 기체가 액체로 변하는 현상이다.

대기 지구를 둘러싸고 있는 기체로, 지표면으로부터 1,000 km 높이까지 퍼져 있다.

압력 물체 표면의 단위 면적(1 m^2)에 수직으로 작용하는 힘이다.

기압 기체의 압력으로, 단위는 기압, Pa(파스칼), hPa(헥토파스칼), bar(바) 등이 있다

대기압 공기의 무게에 의해 생기는 대기의 압력으로, 1기압은 76 cm의 수은 기둥이 누르는 압력과 같다. 우리가 보통 살아가는 조건에서 대기압의 크기는 1기압이고, 높이 올라갈수록 대기압이 낮아진다. 1기압의 크기는 0.01 m^2 바닥 면적에 질량이 100 kg인 물체가 누르는 힘이다.

정답과 해설 21쪽

미리 확인하는 과학 개념

1. 추운 겨울에 안경을 쓰고 뜨거운 음식을 먹으면 어떻게 되는지 서술하시오.

....

....

....

....

2. 종이팩 음료수에 빨대를 꽂아 마시면 어떻게 되는지 서술하시오.

....

....

....

....

실험탐구

탐구 1 과학자가 되어 실험해 볼까?

먼저 생각해 보기 안으로 쏙 들어간 밀폐 용기 뚜껑이 열리지 않는다. 그 이유를 서술하시오.

....

....

탐구 주제 안으로 쏙 들어간 밀폐 용기 뚜껑이 열리지 않는 이유는 무엇일까?

가설 설정 용기 안의 수증기가 물로 액화되어 압력이 낮아지기 때문에 뚜껑이 열리지 않을 것이다.

준비물
- ✓ 뚜껑이 있는 밀폐 용기
- ✓ 뜨거운 물
- ✓ 실온의 물
- ✓ 차가운 물
- ✓ 헤어드라이기
- ✓ 온도계
- ✓ 큰 그릇

탐구 방법 주어진 변인 중에서 통제 변인에는 ○표, 조작 변인에는 △표 하시오.

밀폐 용기의 크기, 밀폐 용기의 재질, 밀폐 용기 안의 물질, 밀폐 용기의 무게,
밀폐 용기를 담그는 물의 온도, 밀폐 용기를 차가운 물에 담그는 정도,
밀폐 용기를 차가운 물에 담그는 시간

영상 보러가기

① 밀폐 용기에 뜨거운 물을 넣고 헹군 후 뚜껑을 닫는다.
② 밀폐 용기를 차가운 물에 1분 동안 넣는다.
③ 밀폐 용기를 꺼낸 후 뚜껑 날개를 열고 수직으로 들어올린다.
④ 헤어드라이어로 밀폐 용기 안의 공기를 가열한 후 뚜껑을 닫는다.
⑤ 밀폐 용기를 차가운 물에 1분 동안 넣는다.
⑥ 밀폐 용기를 꺼낸 후 뚜껑 날개를 열고 수직으로 들어올린다.

★TIP★ 40쪽 QR코드를 찍어 영상을 확인한 후 탐구 결과를 작성해 보세요.

탐구 결과

밀폐 용기 안의 물질과 뚜껑의 변화

용기 안의 물질	뜨거운 물(수증기), 74 ℃	뜨거운 공기, 73 ℃
뚜껑의 변화		

탐구 결론

탐구 결과를 이용하여 탐구 결론을 정리하시오.

가설 판단

탐구 결과를 통해 가설이 옳은지, 옳지 않은지 판단하시오.

용기 안의 수증기가 물로 액화되어 압력이 낮아지기 때문에 뚜껑이 열리지 않을 것이다.
(O / X)

★TIP★ 설정한 가설이 옳지 않을 경우, 가설을 재설정하여 다시 실험을 진행합니다.

더 알아보기

1. 탐구 활동 중 생긴 문제점과 해결 방법을 서술하시오.

2. 탐구 활동을 한 후 더 알아보고 싶은 점을 서술하시오.

실험탐구

탐구 2 다르게 실험해 봐요!

먼저 생각해 보기 밀폐 용기 뚜껑이 열리지 않는 데 영향을 주는 변인을 적으시오.

....

....

탐구 주제 밀폐 용기 뚜껑이 잘 열리지 않는 경우는 언제일까?

가설 설정 용기 안에 수증기의 양이 많을수록 밀폐 용기 뚜껑이 잘 열리지 않을 것이다.

준비물
- ✓ 뚜껑이 있는 밀폐 용기
- ✓ 뜨거운 물
- ✓ 따뜻한 물
- ✓ 실온의 물
- ✓ 차가운 물
- ✓ 온도계
- ✓ 전자레인지
- ✓ 큰 그릇

탐구 방법 주어진 변인 중에서 통제 변인에는 ○표, 조작 변인에는 △표 하시오.

밀폐 용기의 크기, 밀폐 용기의 재질, 밀폐 용기를 헹구는 물의 온도, 밀폐 용기의 무게,
밀폐 용기를 담그는 물의 온도, 밀폐 용기를 차가운 물에 담그는 정도,
밀폐 용기를 차가운 물에 담그는 시간

영상 보러가기

① 밀폐 용기를 차가운 물로 헹군 후 뚜껑을 닫고 차가운 물에 1분 동안 넣는다.
② 밀폐 용기를 꺼낸 후 뚜껑 날개를 열고 수직으로 들어올린다.
③ 밀폐 용기를 따뜻한 물로 헹군 후 뚜껑을 닫고 차가운 물에 1분 동안 넣는다.
④ 밀폐 용기를 꺼낸 후 뚜껑 날개를 열고 수직으로 들어올린다.
⑤ 밀폐 용기에 뜨거운 물을 넣고 전자레인지로 가열한다.
⑥ 뜨거운 물을 버리고 뚜껑을 닫은 후 차가운 물에 1분 동안 넣는다.
⑦ 밀폐 용기를 꺼낸 후 뚜껑 날개를 열고 수직으로 들어올린다.

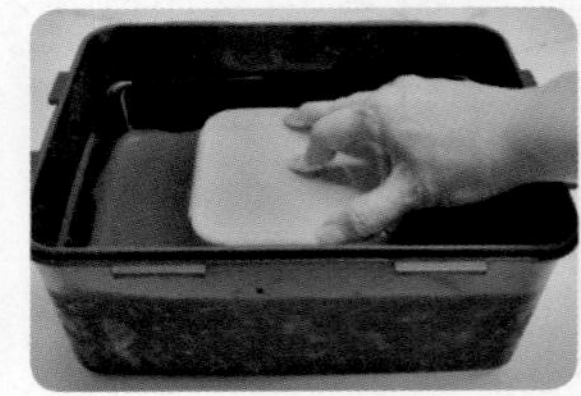

★TIP★ 42쪽 QR코드를 찍어 영상을 확인한 후 탐구 결과를 작성해 보세요.

탐구 결과 밀폐 용기를 헹구는 물의 온도와 뚜껑의 변화

물의 온도	차가운 물, 8 ℃	따뜻한 물, 44 ℃	뜨거운 물, 87 ℃
뚜껑의 변화			

탐구 결론 탐구 결과를 이용하여 탐구 결론을 정리하시오.

....

....

....

....

가설 판단 탐구 결과를 통해 가설이 옳은지, 옳지 않은지 판단하시오.

용기 안에 수증기의 양이 많을수록 밀폐 용기 뚜껑이 잘 열리지 않을 것이다. (O / X)

★TIP★ 설정한 가설이 옳지 않을 경우, 가설을 재설정하여 다시 실험을 진행합니다.

더 알아보기 1. 탐구 활동 중 생긴 문제점과 해결 방법을 서술하시오.

....

....

....

2. 탐구 활동을 한 후 더 알아보고 싶은 점을 서술하시오.

....

....

실험탐구

탐구 3 탐구보고서를 작성해 보자!

먼저 생각해 보기 물이 든 컵의 입구를 종이로 막고 뒤집어도 물이 쏟아지지 않는다. 그 이유를 서술하시오.

....

....

....

※ 다음 탐구 주제를 해결하기 위한 실험을 설계하고 탐구보고서를 작성하시오.

탐구 주제	물이 든 컵의 입구를 종이로 막고 뒤집어도 물이 쏟아지지 않는 이유는 무엇일까?	
가설 설정		
준비물		
탐구 방법	조작 변인	통제 변인
	활동 사진과 함께 설명을 적으세요.	

<table>
<tr><td>탐구 결과</td><td colspan="2"></td></tr>
<tr><td>탐구 결론</td><td colspan="2"></td></tr>
<tr><td>가설 판단</td><td colspan="2"></td></tr>
<tr><td rowspan="4">더 알아보기</td><td>탐구 활동 중 생긴 문제점</td><td>해결 방법</td></tr>
<tr><td></td><td></td></tr>
<tr><td colspan="2">더 알아보고 싶은 점</td></tr>
<tr><td colspan="2"></td></tr>
</table>

보고서를 발표하기 위한 PPT를 만들고, 발표 동영상을 촬영해 보세요.

- PPT에는 준비물과 실험하는 전체 장면 사진이 포함되어야 합니다.
- 동영상 처음에 “이 과제는 모두 제가 혼자 힘으로 해결했습니다.”라는 말이 들어가도록 합니다.

융합탐구

실험 결과를 이용해 볼까?

1. 안으로 쏙 들어간 밀폐 용기 뚜껑을 쉽게 열 수 있는 방법을 서술하시오.

영상 보러가기

2. 스포이트는 액체를 옮길 때 사용하는 도구이다. 빨대를 스포이트처럼 사용하는 방법을 서술하시오.

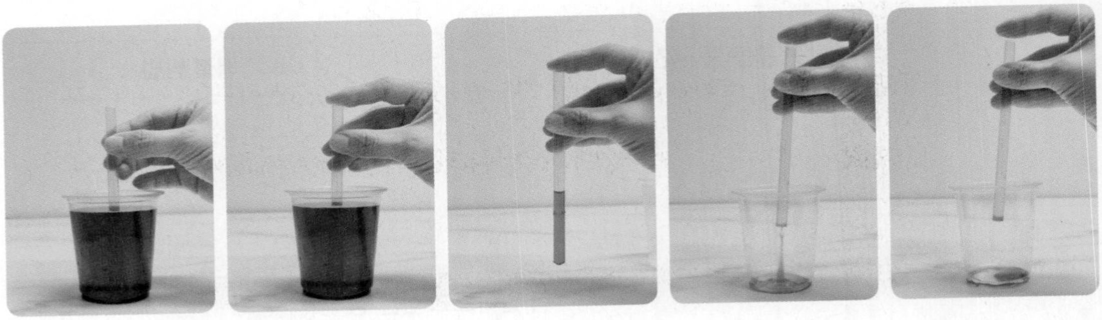

영상 보러가기

3. 우리 주변에서 기압을 높이거나 낮추어 활용하는 경우를 서술하시오.

평가하기

※ 탐구 활동을 스스로 평가해 보세요.

주제	앗! 안 열려~ 밀폐 용기 뚜껑!			
평가 항목	평가 내용	상	중	하
탐구 계획	주제에 맞게 가설 설정을 했는가?	✓		
	탐구 방법이 너무 쉽지도 어렵지도 않은 적당한 수준인가?			
	탐구 계획이 주제에 맞는가?			
탐구 과정	측정 대상과 방법이 적절한가?			
	결과를 측정하기 위해 적절한 도구를 사용했는가?			
	변인 통제를 바르게 했는가?			
	탐구 과정이 타당하고 올바른가?			
	탐구 계획대로 올바르게 수행했는가?			
탐구 결과 및 결론	탐구 결과를 보기 좋게 표나 그래프로 나타내었는가?			
	탐구 결과에 대한 결론 해석이 타당한가?			
	여러 번 실험한 후 탐구 결과의 평균값을 사용했는가?			
	실험 전 예상한 결과와 탐구 결과가 같은가?			
더 알고 싶은 점	가설과 탐구 결과가 다를 때 그 이유를 추리하여 설명했는가?			
	탐구 활동 중 생긴 문제점과 해결 방법을 설명했는가?			
	탐구 활동을 통해 알게 된 점을 우리 생활과 연관지어 설명했는가?			
탐구보고서 작성	탐구 과정과 탐구 결과를 보기 좋게 정리했는가?			
종합 및 기타 의견				

05

앗! 시원하지 않아~
캔 음료!

- 물티슈로 감싼 캔 음료는 왜 빨리 시원해질까?
- 물에 젖은 종이에 불을 붙이면 불은 붙지만 왜 타지 않을까?

왜 그럴까?
한번 알아보아요!

더운 여름이 되면 시원한 음료를 많이 마시게 된다. 실온에 두거나 냉장고에 잠깐 넣어 둔 캔 음료는 미지근하여 마셔도 더위가 식혀지지 않는다. 얼음을 넣으면 시원하게 마실 수 있지만 얼음이 녹은 뒤 음료에 물이 섞여 싱거워진다. 이때 캔 음료를 물티슈로 감싼 후 냉동실에 넣어두면 그냥 넣어두었을 때보다 더 빨리 시원해진다. 이것은 유목민이 뜨거운 사막을 이동할 때 양이나 염소 가죽으로 된 물통을 가지고 다니는 것과 같은 원리를 이용한 것이다. 사막은 온도가 높아 그들이 가지고 다니는 물통 속의 물이 미지근할 것이라고 생각할 수 있지만 물통의 물은 시원하다.

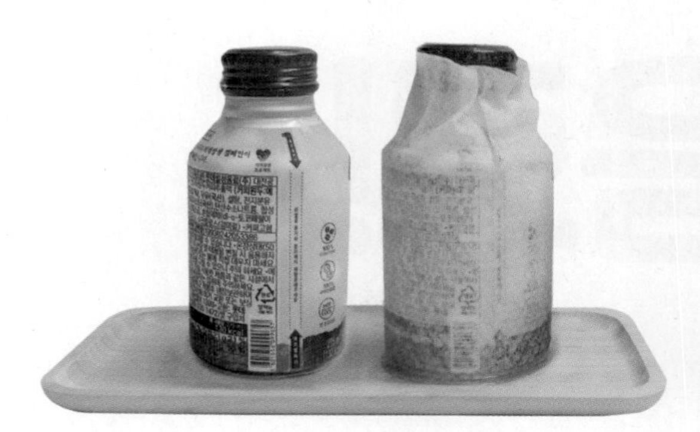

용어정리

기화 액체가 기체로 변하는 현상으로, 증발과 끓음 두 가지가 있다.

기화열 액체가 기체로 변할 때 흡수하는 열에너지로, 액체마다 크기가 다르다.

증발 액체 표면에서 액체가 기체로 변하는 현상으로, 모든 온도에서 천천히 일어난다.

증발열 액체가 증발할 때 흡수하는 열에너지로, 기화열과 크기가 같다.

끓음 액체 입자들이 외부로부터 열을 흡수하여 표면과 내부에서 빠르게 기체로 변하는 현상이다. 1기압에서 물은 100 ℃, 에탄올은 78.7 ℃, 아세톤은 56 ℃에서 끓는다.

미리 확인하는 과학 개념

1. 여름철 물놀이 후 젖은 옷을 그대로 입고 있으면 추워진다. 그 이유를 서술하시오.

2. 종이로 냄비를 만들어 물을 끓일 수 있다. 그 이유를 서술하시오.

실험탐구

탐구 1 과학자가 되어 실험해 볼까?

먼저 생각해 보기 캔 음료를 물티슈로 감싼 후 냉동실에 넣으면 빨리 시원해진다. 그 이유를 서술하시오.

....

....

....

탐구 주제 캔 음료를 물티슈로 감싼 후 냉동실에 넣으면 빨리 시원해지는 이유는 무엇일까?

가설 설정 물이 증발하면서 주변의 열을 빼앗아가기 때문에 빨리 시원해질 것이다.

준비물

✓ 알루미늄 포일	✓ 키친타월	✓ 디지털 온도계	✓ 물
✓ 셀로판테이프	✓ 숟가락	✓ 초시계	✓ 가위

탐구 방법 주어진 변인 중에서 통제 변인에는 ○표, 조작 변인에는 △표 하시오.

온도, 습도, 바람, 물에 젖은 정도

영상 보러가기

① 알루미늄 포일 위에 키친타월 조각 2개를 놓고 가장자리를 붙인다.
② 키친타월의 온도를 측정하고 물의 온도를 비슷하게 맞춘다.
③ 가운데에 선풍기를 켜 바람을 불어준다.
④ 키친타월 한 곳에만 물을 반 숟가락 떨어뜨리고 20초 간격으로 키친타월의 온도를 측정한다.

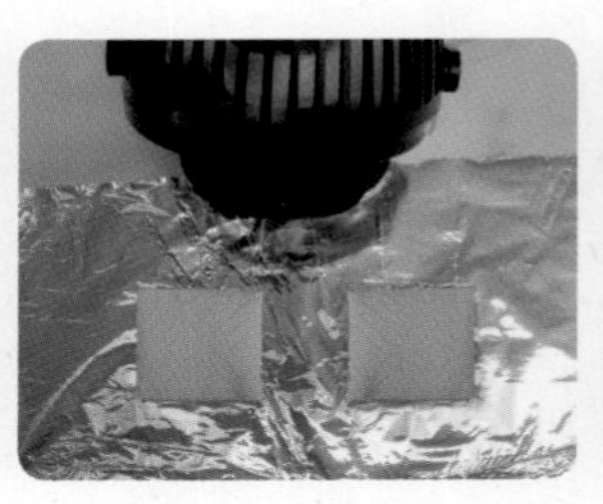

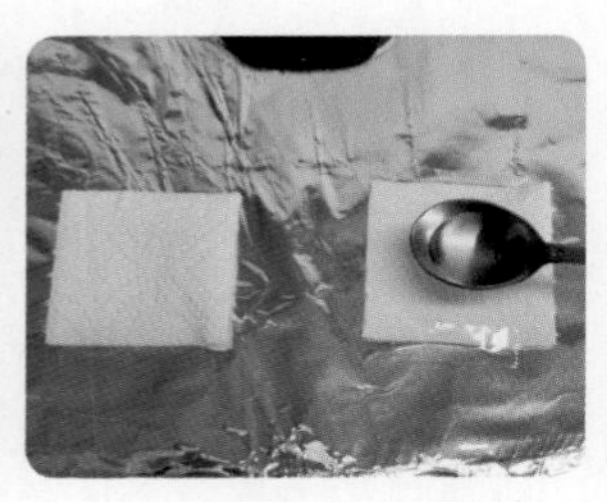

★TIP★ 52쪽 QR코드를 찍어 영상을 확인한 후 탐구 결과를 작성해 보세요.

탐구 결과 키친타월의 온도 변화

시간(초)	0	20	40	60	80	100	120	온도 차이
마른 키친타월의 온도(℃)								
젖은 키친타월의 온도(℃)								

탐구 결론 탐구 결과를 이용하여 탐구 결론을 정리하시오.

가설 판단 탐구 결과를 통해 가설이 옳은지, 옳지 않은지 판단하시오.

물이 증발하면서 주변의 열을 빼앗아가기 때문에 빨리 시원해질 것이다. (O / X)

★TIP★ 설정한 가설이 옳지 않을 경우, 가설을 재설정하여 다시 실험을 진행합니다.

더 알아보기 1. 탐구 활동 중 생긴 문제점과 해결 방법을 서술하시오.

2. 탐구 활동을 한 후 더 알아보고 싶은 점을 서술하시오.

실험탐구

탐구 2 다르게 실험해 봐요!

먼저 생각해 보기 증발열을 이용해 물체의 온도를 낮추는 데 영향을 주는 변인을 적으시오.

....

....

탐구 주제 증발열로 물체의 온도를 많이 낮출 수 있는 방법은 무엇일까?

가설 설정 증발열이 큰 액체를 이용하면 물체의 온도를 많이 낮출 수 있을 것이다.

준비물
✓ 알루미늄 포일 ✓ 키친타월 ✓ 디지털 온도계 ✓ 가위 ✓ 물
✓ 에탄올 ✓ 아세톤 ✓ 종이컵 3개 ✓ 초시계

탐구 방법 주어진 변인 중에서 통제 변인에는 ○표, 조작 변인에는 △표 하시오.

온도, 습도, 바람, 액체의 종류, 액체의 양, 키친타월의 크기, 키친타월이 젖은 정도

영상 보러가기

① 물, 에탄올, 아세톤의 증발열을 조사한다.
② 알루미늄 포일 위에 키친타월 조각 3개를 놓고 가장자리를 붙인다.
③ 종이컵 3개에 키친타월 한 조각만 전체를 적실 수 있도록 물, 에탄올, 아세톤을 같은 양으로 담고 각 액체의 온도를 측정한다.
④ 키친타월에 각각 물, 에탄올, 아세톤을 붓는다.
⑤ 20초 간격으로 키친타월의 온도를 측정한다.

★TIP★ 실험에 사용하는 액체의 양은 키친타월 한 조각 전체만 적시고 옆에 있는 키친타월은 적시지 않도록 적당한 양을 정하세요.

★TIP★ 54쪽 QR코드를 찍어 영상을 확인한 후 탐구 결과를 작성해 보세요.

탐구 결과

1. 액체의 증발열

액체의 종류	물	에탄올	아세톤
증발열(cal/g)	540	204	135

2. 키친타월의 온도 변화

시간(초)		0	20	40	60	80	100	120	온도 차이
키친 타월의 온도 (℃)	물								
	에탄올								
	아세톤								

탐구 결론

탐구 결과를 이용하여 탐구 결론을 정리하시오.

....

....

....

가설 판단

탐구 결과를 통해 가설이 옳은지, 옳지 않은지 판단하시오.

증발열이 큰 액체를 이용하면 물체의 온도를 많이 낮출 수 있을 것이다. (O / X)

★TIP★ 설정한 가설이 옳지 않을 경우, 가설을 재설정하여 다시 실험을 진행합니다.

더 알아보기

1. 탐구 활동 중 생긴 문제점과 해결 방법을 서술하시오.

....

....

2. 탐구 활동을 한 후 더 알아보고 싶은 점을 서술하시오.

....

....

실험탐구

탐구 3 탐구보고서를 작성해 보자!

먼저 생각해 보기 물에 젖은 종이에 불을 붙이면 불은 붙지만 타지 않는다. 그 이유를 서술하시오.

※ 다음 탐구 주제를 해결하기 위한 실험을 설계하고 탐구보고서를 작성하시오.

<table>
<tr><td>탐구 주제</td><td colspan="2">물에 젖은 종이에 불을 붙이면 불은 붙지만 타지 않는 이유는 무엇일까?</td></tr>
<tr><td>가설 설정</td><td colspan="2"></td></tr>
<tr><td>준비물</td><td colspan="2"></td></tr>
<tr><td rowspan="4">탐구 방법</td><td>조작 변인</td><td>통제 변인</td></tr>
<tr><td></td><td></td></tr>
<tr><td colspan="2">활동 사진과 함께 설명을 적으세요.</td></tr>
<tr><td colspan="2"></td></tr>
</table>

<table>
<tr><td>탐구 결과</td><td colspan="2"></td></tr>
<tr><td>탐구 결론</td><td colspan="2"></td></tr>
<tr><td>가설 판단</td><td colspan="2"></td></tr>
<tr><td rowspan="4">더 알아보기</td><td>탐구 활동 중 생긴 문제점</td><td>해결 방법</td></tr>
<tr><td></td><td></td></tr>
<tr><td colspan="2">더 알아보고 싶은 점</td></tr>
<tr><td colspan="2"></td></tr>
</table>

보고서를 발표하기 위한 PPT를 만들고, 발표 동영상을 촬영해 보세요.

- PPT에는 준비물과 실험하는 전체 장면 사진이 포함되어야 합니다.
- 동영상 처음에 "이 과제는 모두 제가 혼자 힘으로 해결했습니다."라는 말이 들어가도록 합니다.

융합탐구

실험 결과를 이용해 볼까?

1. 폭염에 대한 대책으로 도로 위에 물을 뿌리거나 인공 안개를 뿌린다. 그 이유를 서술하시오.

2. 단면이 구불구불한 흡한속건 섬유로 만든 옷은 여름철에 시원하고 쾌적한 느낌을 준다. 그 이유를 서술하시오.

▲ 일반 섬유 단면

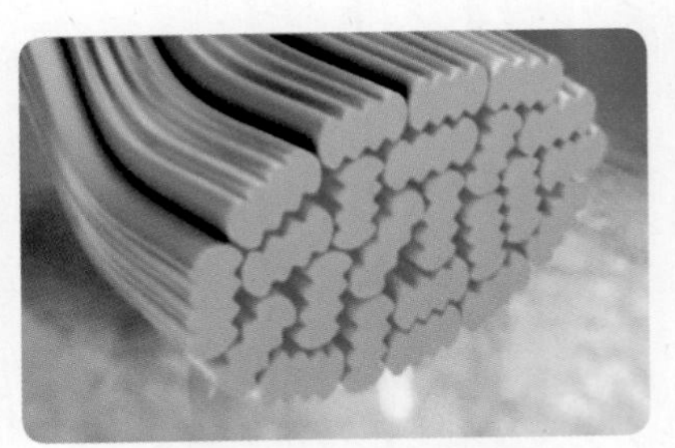

▲ 흡한속건 섬유 단면

3. 우리 주변에서 기화열을 활용하여 온도를 낮추는 경우를 서술하시오.

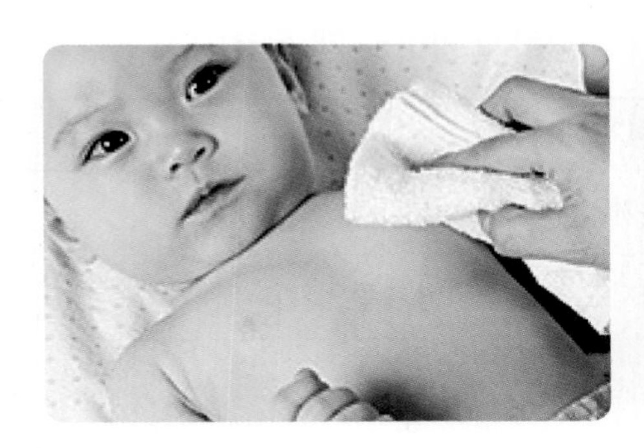

평가하기

※ 탐구 활동을 스스로 평가해 보세요.

주제	앗! 시원하지 않아~ 캔 음료!			
평가 항목	평가 내용	상	중	하
탐구 계획	주제에 맞게 가설 설정을 했는가?	✓		
	탐구 방법이 너무 쉽지도 어렵지도 않은 적당한 수준인가?			
	탐구 계획이 주제에 맞는가?			
탐구 과정	측정 대상과 방법이 적절한가?			
	결과를 측정하기 위해 적절한 도구를 사용했는가?			
	변인 통제를 바르게 했는가?			
	탐구 과정이 타당하고 올바른가?			
	탐구 계획대로 올바르게 수행했는가?			
탐구 결과 및 결론	탐구 결과를 보기 좋게 표나 그래프로 나타내었는가?			
	탐구 결과에 대한 결론 해석이 타당한가?			
	여러 번 실험한 후 탐구 결과의 평균값을 사용했는가?			
	실험 전 예상한 결과와 탐구 결과가 같은가?			
더 알고 싶은 점	가설과 탐구 결과가 다를 때 그 이유를 추리하여 설명했는가?			
	탐구 활동 중 생긴 문제점과 해결 방법을 설명했는가?			
	탐구 활동을 통해 알게 된 점을 우리 생활과 연관지어 설명했는가?			
탐구보고서 작성	탐구 과정과 탐구 결과를 보기 좋게 정리했는가?			
종합 및 기타 의견				

06

앗! 안 열려~

잼 뚜껑!

- 금속 뚜껑을 뜨거운 물에 담그면 왜 잘 열릴까?
- 화재경보기는 어떻게 화재를 감지할까?

왜 그럴까?
한번 알아보아요!

냉장고에 있던 유리병의 금속 뚜껑은 힘을 주어 열어도 잘 열리지 않는 경우가 종종 있다. 특히 잼이나 꿀처럼 끈적한 내용물이 든 유리병은 입구에 묻은 내용물이 굳으면서 뚜껑을 열기 더욱 힘들어진다. 유리병의 금속 뚜껑을 쉽게 열 수 있는 방법은 무엇일까? 손에 물기를 없애 미끄러지는 것을 막거나 마찰이 큰 고무장갑 또는 실리콘 냄비 받침으로 뚜껑을 감싼 후 힘을 주어 돌리면 뚜껑을 열 수 있다. 또, 병을 뒤집어 금속 뚜껑을 뜨거운 물에 잠시 담가두면 작은 힘으로도 매우 쉽게 뚜껑을 열 수 있다. 이때 차가운 유리병을 갑자기 뜨거운 물에 담그면 깨질 위험이 있으므로 거꾸로 뒤집어 금속 뚜껑만 뜨거운 물에 담그도록 한다.

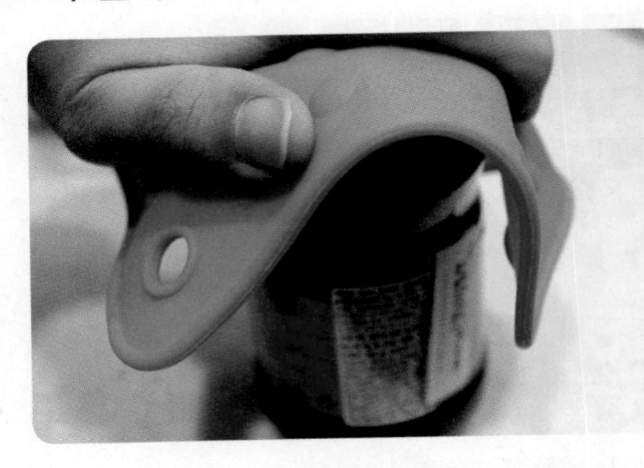

용어정리

금속 광택이 있고 열과 전기를 잘 전달하는 물질로, 넓고 얇게 펴지며 실처럼 가늘게 뽑을 수 있다.

열팽창 온도에 따라 물체의 길이와 부피가 변하는 현상으로, 물질마다 열팽창 정도가 다르다.

알루미늄 은백색의 부드러운 금속으로, 가볍고 단단하며 부식이 잘 되지 않아 건축물이나 자동차 재료로 많이 이용된다.

구리 적갈색을 띠는 금속으로, 열과 전기 전도성이 뛰어나 전선이나 난방용 배관으로 이용된다.

바이메탈 열팽창 정도가 다른 두 종류의 금속을 붙여 놓은 것으로, 가열하면 열팽창 정도가 작은 쪽으로 휘어진다. 이 성질을 이용하면 전기제품의 온도를 자동으로 조절할 수 있다.

정답과 해설 33쪽

미리 확인하는 과학 개념

1. 콘크리트 다리에는 다리 위의 중간중간 사이를 조금씩 띄운 이음새를 둔다. 그 이유를 서술하시오.

2. 전기 주전자는 물이 끓으면 자동으로 전원이 꺼진다. 그 원리를 서술하시오.

실험탐구

탐구 1 과학자가 되어 실험해 볼까?

먼저 생각해 보기 병을 뒤집어 금속 뚜껑을 뜨거운 물에 담그면 쉽게 열 수 있다. 그 이유를 서술하시오.

....

....

....

탐구 주제 병을 뒤집어 금속 뚜껑을 뜨거운 물에 담그면 쉽게 열 수 있는 이유는 무엇일까?

가설 설정 온도가 높아지면 금속 뚜껑의 부피가 늘어나기 때문이다.

준비물
- ✓ 알루미늄 테이프
- ✓ 우드록
- ✓ 글루건
- ✓ 초
- ✓ 펀치
- ✓ 셀로판테이프
- ✓ 고무줄
- ✓ 빨대
- ✓ 라이터

탐구 방법

영상 보러가기

① 우드록으로 ⊔ 모양 받침대를 만든다.
② 빨대 한쪽을 납작하게 접어 받침대 한쪽에 붙인다.
③ 빨대를 붙인 쪽 받침대 바깥쪽에 클립을 붙인다.
④ 고무줄을 짧게 묶은 후 알루미늄 테이프 한쪽에 구멍을 뚫고 고무줄을 붙인다.
⑤ 알루미늄 테이프를 접은 쪽에 셀로판테이프를 덧붙인다.
⑥ 알루미늄 테이프 구멍에 빨대를 끼우고 고무줄을 클립에 건다.
⑦ 알루미늄 테이프를 당겼다 놓았을 때 고무줄의 변화와 빨대의 움직임을 관찰한다.
⑧ 빨대가 수직으로 세워지도록 조절한 후 받침대에 붙인다.
⑨ 알루미늄 테이프를 촛불로 가열하며 빨대의 움직임을 관찰한다.

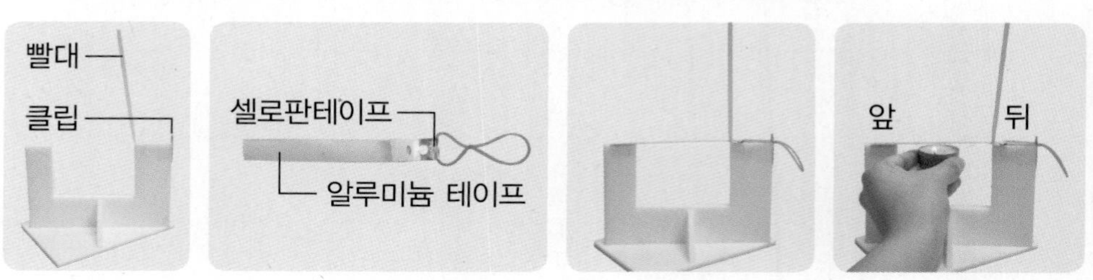

★TIP★ 64쪽 QR코드를 찍어 영상을 확인한 후 탐구 결과를 작성해 보세요.

탐구 결과

1. 고무줄의 변화와 빨대의 움직임

구분	알루미늄 테이프를 당길 때	알루미늄 테이프를 당겼다 놓았을 때
고무줄의 변화		
빨대의 움직임		

2. 알루미늄 테이프를 가열했을 때 빨대의 움직임

구분	가열하기 전	가열했을 때
빨대의 움직임		

탐구 결론

탐구 결과를 이용하여 탐구 결론을 정리하시오.

가설 판단

탐구 결과를 통해 가설이 옳은지, 옳지 않은지 판단하시오.

온도가 높아지면 금속 뚜껑의 부피가 늘어나기 때문이다. (O / X)

★TIP★ 설정한 가설이 옳지 않을 경우, 가설을 재설정하여 다시 실험을 진행합니다.

더 알아보기

1. 탐구 활동 중 생긴 문제점과 해결 방법을 서술하시오.

2. 탐구 활동을 한 후 더 알아보고 싶은 점을 서술하시오.

실험탐구

탐구 2 다르게 실험해 봐요!

먼저 생각해 보기 금속이 늘어나는 정도에 영향을 주는 변인을 적으시오.

....

....

탐구 주제 금속이 늘어나는 정도는 금속의 종류마다 다를까?

가설 설정 금속이 늘어나는 정도는 금속의 종류마다 다를 것이다.

준비물
- ✓ 알루미늄 테이프 ✓ 구리 테이프 ✓ 초 ✓ 라이터
- ✓ 금속의 열팽창 확인 실험 장치 ✓ 펀치 ✓ 고무줄

탐구 방법 주어진 변인 중에서 통제 변인에는 ○표, 조작 변인에는 △표 하시오.

금속의 종류, 금속의 길이, 고무줄의 길이, 고무줄의 탄성,
촛불의 크기, 금속을 가열하는 시간, 금속과 촛불 사이의 거리

영상 보러가기

① 알루미늄 테이프와 구리 테이프를 같은 길이로 자른다.
② 고무줄 2개를 같은 길이로 짧게 묶는다.
③ 알루미늄 테이프와 구리 테이프 한쪽에 펀치로 구멍을 뚫고 고무줄을 붙인다.
④ 알루미늄 테이프 구멍에 빨대를 끼우고 고무줄을 클립에 건다.
⑤ 알루미늄 테이프를 당겨 빨대가 수직으로 세워지도록 조절한 후 받침대에 붙인다.
⑥ 알루미늄 테이프를 촛불로 가열하며 빨대의 움직임을 관찰한다.
⑦ 구리 테이프로 ④~⑥ 과정을 반복한다.

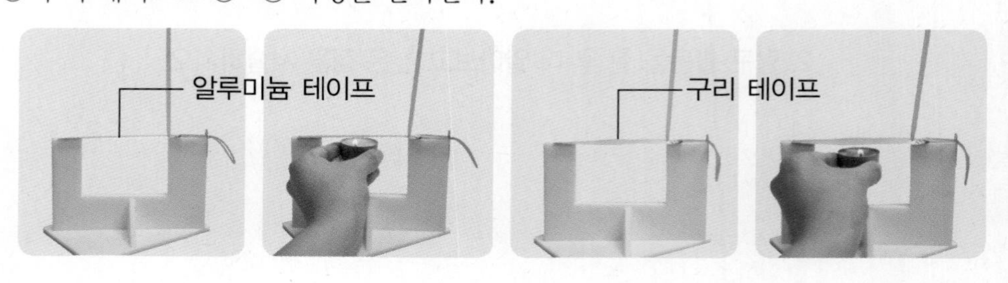

★TIP★ 66쪽 QR코드를 찍어 영상을 확인한 후 탐구 결과를 작성해 보세요.

탐구 결과 빨대의 움직임

구분	알루미늄 테이프	구리 테이프
빨대의 움직임		

탐구 결론 탐구 결과를 이용하여 탐구 결론을 정리하시오.

....

....

....

....

가설 판단 탐구 결과를 통해 가설이 옳은지, 옳지 않은지 판단하시오.

금속이 늘어나는 정도는 금속의 종류마다 다를 것이다. (O / X)

★TIP★ 설정한 가설이 옳지 않을 경우, 가설을 재설정하여 다시 실험을 진행합니다.

더 알아보기 1. 탐구 활동 중 생긴 문제점과 해결 방법을 서술하시오.

....

....

....

2. 탐구 활동을 한 후 더 알아보고 싶은 점을 서술하시오.

....

....

....

실험탐구

탐구 3 탐구보고서를 작성해 보자!

먼저 생각해 보기

화재경보기가 화재를 감지하는 원리를 서술하시오.

....

....

....

※ 다음 탐구 주제를 해결하기 위한 실험을 설계하고 탐구보고서를 작성하시오.

탐구 주제	화재경보기는 어떻게 화재를 감지할까?
가설 설정	
준비물	
탐구 방법	활동 사진과 함께 설명을 적으세요.

<table>
<tr><td>탐구 결과</td><td colspan="2"></td></tr>
<tr><td>탐구 결론</td><td colspan="2"></td></tr>
<tr><td>가설 판단</td><td colspan="2"></td></tr>
<tr><td rowspan="4">더 알아보기</td><td>탐구 활동 중 생긴 문제점</td><td>해결 방법</td></tr>
<tr><td></td><td></td></tr>
<tr><td colspan="2">더 알아보고 싶은 점</td></tr>
<tr><td colspan="2"></td></tr>
</table>

보고서를 발표하기 위한 PPT를 만들고, 발표 동영상을 촬영해 보세요.

- PPT에는 준비물과 실험하는 전체 장면 사진이 포함되어야 합니다.
- 동영상 처음에 "이 과제는 모두 제가 혼자 힘으로 해결했습니다."라는 말이 들어가도록 합니다.

융합탐구

실험 결과를 이용해 볼까?

1. 폭염이 되면 열차 속력을 줄이고 레일에 물을 뿌린다. 그 이유를 서술하시오.

2. 전기다리미는 과열되지 않고 적정 온도를 유지하며 옷을 펴준다. 전기다리미의 온도가 설정 온도보다 높아졌을 때 바이메탈의 모양을 그리시오.

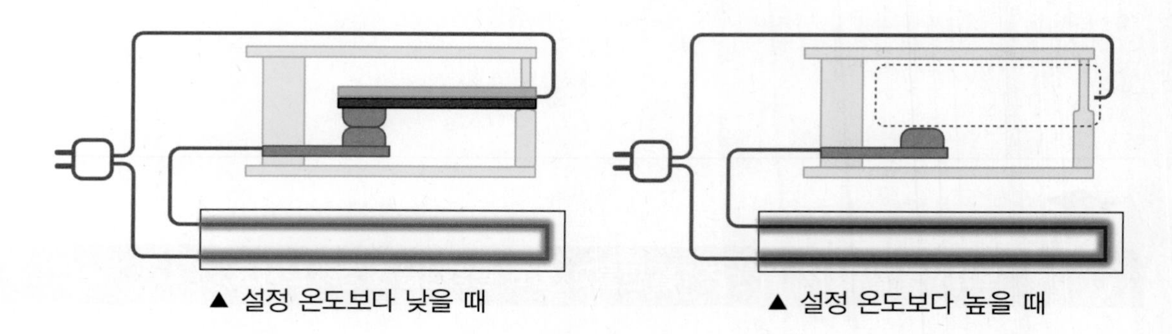

▲ 설정 온도보다 낮을 때 ▲ 설정 온도보다 높을 때

정답과 해설 38쪽

3. 우리 주변에서 고체의 열팽창을 고려해야 하는 경우를 서술하시오.

평가하기

※ 탐구 활동을 스스로 평가해 보세요.

주제	앗! 안 열려~ 잼 뚜껑!			
평가 항목	평가 내용	상	중	하
탐구 계획	주제에 맞게 가설 설정을 했는가?	✓		
	탐구 방법이 너무 쉽지도 어렵지도 않은 적당한 수준인가?			
	탐구 계획이 주제에 맞는가?			
탐구 과정	측정 대상과 방법이 적절한가?			
	결과를 측정하기 위해 적절한 도구를 사용했는가?			
	변인 통제를 바르게 했는가?			
	탐구 과정이 타당하고 올바른가?			
	탐구 계획대로 올바르게 수행했는가?			
탐구 결과 및 결론	탐구 결과를 보기 좋게 표나 그래프로 나타내었는가?			
	탐구 결과에 대한 결론 해석이 타당한가?			
	여러 번 실험한 후 탐구 결과의 평균값을 사용했는가?			
	실험 전 예상한 결과와 탐구 결과가 같은가?			
더 알고 싶은 점	가설과 탐구 결과가 다를 때 그 이유를 추리하여 설명했는가?			
	탐구 활동 중 생긴 문제점과 해결 방법을 설명했는가?			
	탐구 활동을 통해 알게 된 점을 우리 생활과 연관지어 설명했는가?			
탐구보고서 작성	탐구 과정과 탐구 결과를 보기 좋게 정리했는가?			
종합 및 기타 의견				

강의 보러가기

07

앗! 계속 풀려~

두루마리 휴지!

- 순간적으로 세게 당기면 왜 휴지가 잘 끊어질까?
- 초고층 건물에 매달린 추는 어떻게 건물의 진동을 줄일까?

왜 그럴까?
한번 알아보아요!

일반적으로 두루마리 휴지를 끊으려면 한 손으로 휴지를 푼 후 다른 한 손으로 말려있는 둥근 부분을 잡고 당겨야 끊어지지만, 순간적으로 세게 잡아당기면 한 손으로도 두루마리 휴지를 끊을 수 있다. 휴지 끝부분을 잡고 천천히 당기면 윗부분까지 힘이 전달되므로 절단선에서 끊어지지 않고 휴지가 회전하며 풀린다. 그러나 아랫부분을 잡고 순간적으로 세게 잡아당기면 아랫부분은 힘을 받아 아래로 내려가려 하고 윗부분은 힘이 작용하지 않아 정지해 있으려 하므로 절단선에서 휴지가 끊어진다. 즉, 한 손으로도 휴지를 끊을 수 있다.

용어정리

관성 물체에 힘이 작용하지 않으면 자신의 운동 상태를 그대로 유지하려는 성질이다.

정지 관성 물체에 힘이 작용하지 않으면 정지한 물체는 계속 정지해 있으려 한다.

운동 관성 물체에 힘이 작용하지 않으면 운동하는 물체는 속력과 방향이 변하지 않고 계속 그 상태로 운동한다.

질량 물체마다 가지고 있는 고유의 양으로, 장소에 따라 변하지 않는다. 단위는 g, kg을 쓰고, 윗접시 저울이나 양팔 저울 등을 이용하여 잰다.

개념탐구

미리 확인하는 과학 개념

1. 우리나라 최초 달 궤도 탐사선인 다누리는 2022년 8월 5일에 2단 로켓에 실려 발사되었다. 로켓 발사 약 2분 34초 후 1단 로켓이 분리되었고, 발사 후 2분 43초가 지난 시점에서 2단 로켓이 점화되었다. 2단 로켓이 연소되면 로켓의 속력이 어떻게 될지 서술하시오.

2. 다누리는 발사 40분 23초 후 지구 표면에서 703 km 떨어진 곳에서 발사체와 분리되었고, 이때의 속력은 10.15 km/s였다. 우주에서 다누리의 속력은 어떻게 될지 서술하시오.

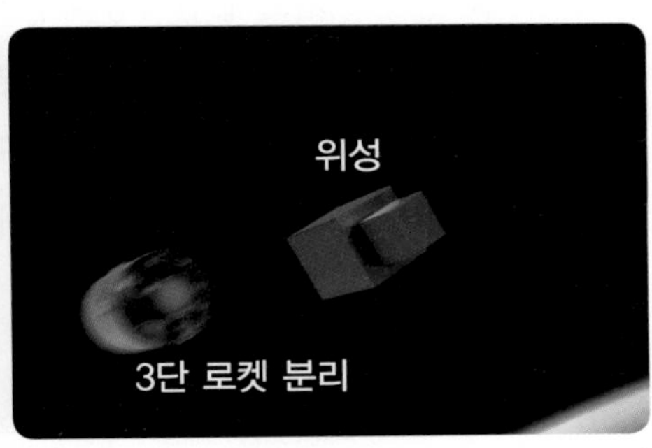

실험탐구

탐구 1 과학자가 되어 실험해 볼까?

먼저 생각해 보기 휴지 아랫부분을 잡고 순간적으로 세게 당기면 휴지가 잘 끊어진다. 그 이유를 서술하시오.

....

....

....

영상 보러가기

탐구 주제 휴지 아랫부분을 잡고 순간적으로 세게 당기면 휴지가 잘 끊어지는 이유는 무엇일까?

가설 설정 물체에 힘이 작용하지 않으면 자신의 운동 상태를 그대로 유지하려는 관성 때문이다.

준비물

- ✓ 두꺼운 종이
- ✓ 페트병
- ✓ 물
- ✓ 색소
- ✓ 동전
- ✓ 양면테이프
- ✓ 펜
- ✓ 스마트폰 카메라

탐구 방법

영상 보러가기

① 두꺼운 종이 위에 동전을 올릴 위치를 표시한다.
② 종이를 천천히 잡아당겨 움직일 때 동전의 움직임을 확인한다.
③ 종이를 움직이다가 천천히 멈출 때 동전의 움직임을 확인한다.
④ 종이를 빠르게 잡아당겨 움직일 때 동전의 움직임을 확인한다.
⑤ 종이를 움직이다가 갑자기 멈출 때 동전의 움직임을 확인한다.
⑥ 페트병에 색소물을 절반 정도 넣고 페트병을 종이에 붙인다.
⑦ ②~⑤ 과정을 반복하고 카메라로 촬영한 후 페트병 속 물의 움직임을 확인한다.

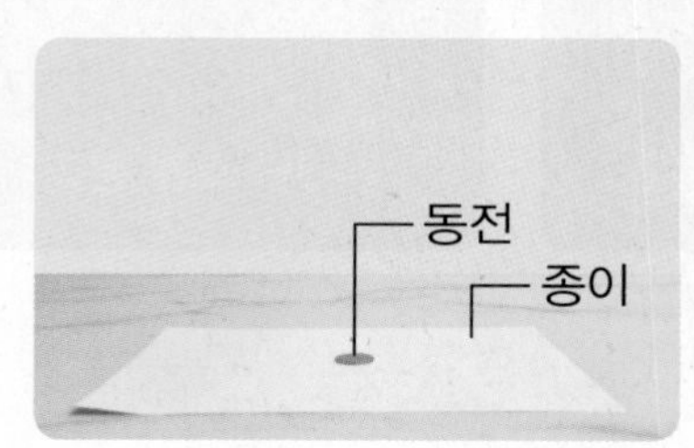

★TIP★ 76쪽 QR코드를 찍어 영상을 확인한 후 탐구 결과를 작성해 보세요.

탐구 결과 동전과 페트병 속 물의 움직임

구분	천천히 잡아당겨 움직이기 시작할 때	천천히 멈출 때	빠르게 잡아당겨 움직이기 시작할 때	갑자기 멈출 때
동전의 움직임				
←				
물의 움직임				
←				

탐구 결론 탐구 결과를 이용하여 탐구 결론을 정리하시오.

....

....

....

가설 판단 탐구 결과를 통해 가설이 옳은지, 옳지 않은지 판단하시오.

물체에 힘이 작용하지 않으면 자신의 운동 상태를 그대로 유지하려는 관성 때문이다.
(O / X)

★TIP★ 설정한 가설이 옳지 않을 경우, 가설을 재설정하여 다시 실험을 진행합니다.

더 알아보기 1. 탐구 활동 중 생긴 문제점과 해결 방법을 서술하시오.

....

....

2. 탐구 활동을 한 후 더 알아보고 싶은 점을 서술하시오.

....

실험탐구

탐구 2 다르게 실험해 봐요!

먼저 생각해 보기 페트병은 그대로 두고 종이만 빼려고 한다. 이때 영향을 주는 변인을 적으시오.

....

....

....

탐구 주제 페트병은 그대로 두고 밑에 있는 종이만 뺄 수 있을까?

가설 설정 페트병을 무겁게 하고 종이를 빠르게 잡아당기면 종이만 뺄 수 있을 것이다.

준비물 ✓ 페트병 ✓ 물 ✓ 색소 ✓ 두꺼운 종이

탐구 방법 주어진 변인 중에서 통제 변인에는 ○표, 조작 변인에는 △표 하시오.

페트병 안의 물의 양, 페트병의 크기, 종이를 당기는 빠르기

영상 보러가기

① 두꺼운 종이 한쪽 끝 위에 빈 페트병을 올리고 종이를 천천히 당긴다.
② 두꺼운 종이 한쪽 끝 위에 빈 페트병을 올리고 종이를 빠르게 당긴다.
③ 페트병에 색소물을 절반 정도 넣고 ①~② 과정을 반복한다.
④ 페트병에 색소물을 가득 정도 넣고 ①~② 과정을 반복한다.

★TIP★ 78쪽 QR코드를 찍어 영상을 확인한 후 탐구 결과를 작성해 보세요.

탐구 결과

페트병의 움직임

물의 양	없음	절반 정도	가득
천천히 당길 때			
빠르게 당길 때			

탐구 결론

탐구 결과를 이용하여 탐구 결론을 정리하시오.

가설 판단

탐구 결과를 통해 가설이 옳은지, 옳지 않은지 판단하시오.

페트병을 무겁게 하고 종이를 빠르게 잡아당기면 종이만 뺄 수 있을 것이다. (O / X)

★TIP★ 설정한 가설이 옳지 않을 경우, 가설을 재설정하여 다시 실험을 진행합니다.

더 알아보기

1. 탐구 활동 중 생긴 문제점과 해결 방법을 서술하시오.

2. 탐구 활동을 한 후 더 알아보고 싶은 점을 서술하시오.

실험탐구

탐구 3 탐구보고서를 작성해 보자!

먼저 생각해 보기 높이 508 m인 타이베이 101의 86층과 92층 사이에는 660톤의 추가 설치되어 있다. 이와 같이 초고층 건물 위쪽에 무거운 추를 매다는 이유를 서술하시오.

....

....

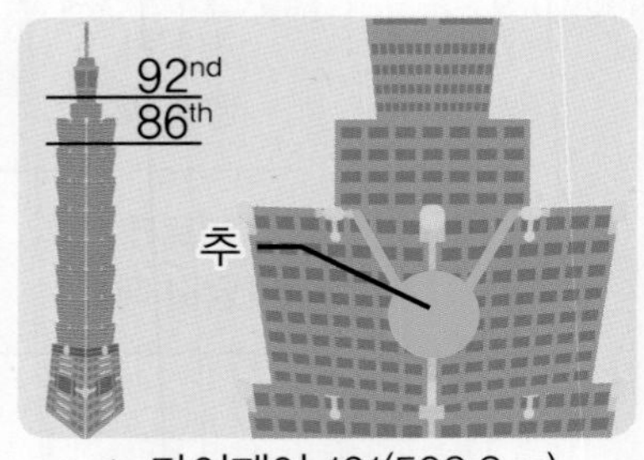

▲ 타이페이 101(509.2 m)

※ 다음 탐구 주제를 해결하기 위한 실험을 설계하고 탐구보고서를 작성하시오.

<table>
<tr><td>탐구 주제</td><td colspan="2">초고층 건물에 매달린 추는 어떻게 건물의 진동을 줄일까?</td></tr>
<tr><td>가설 설정</td><td colspan="2"></td></tr>
<tr><td>준비물</td><td colspan="2"></td></tr>
<tr><td rowspan="4">탐구 방법</td><td>조작 변인</td><td>통제 변인</td></tr>
<tr><td></td><td></td></tr>
<tr><td colspan="2">활동 사진과 함께 설명을 적으세요.</td></tr>
<tr><td colspan="2"></td></tr>
</table>

<table>
<tr><td>탐구 결과</td><td colspan="2"></td></tr>
<tr><td>탐구 결론</td><td colspan="2"></td></tr>
<tr><td>가설 판단</td><td colspan="2"></td></tr>
<tr><td rowspan="4">더
알아보기</td><td>탐구 활동 중 생긴 문제점</td><td>해결 방법</td></tr>
<tr><td></td><td></td></tr>
<tr><td colspan="2">더 알아보고 싶은 점</td></tr>
<tr><td colspan="2"></td></tr>
</table>

보고서를 발표하기 위한 PPT를 만들고, 발표 동영상을 촬영해 보세요.

- PPT에는 준비물과 실험하는 전체 장면 사진이 포함되어야 합니다.
- 동영상 처음에 "이 과제는 모두 제가 혼자 힘으로 해결했습니다."라는 말이 들어가도록 합니다.

융합탐구

실험 결과를 이용해 볼까?

1. 다음은 물풍선이 터지는 순간의 모습이다. 물풍선이 터졌을 때 물 모양의 특징을 서술하시오.

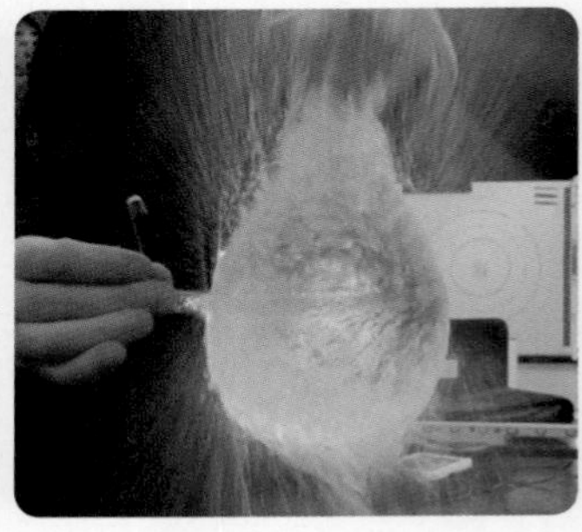

....

....

....

2. 안전벨트는 평상시에는 잘 풀리지만 차가 급정거를 하면 잠겨서 풀리지 않는다. 그 이유를 서술하시오.

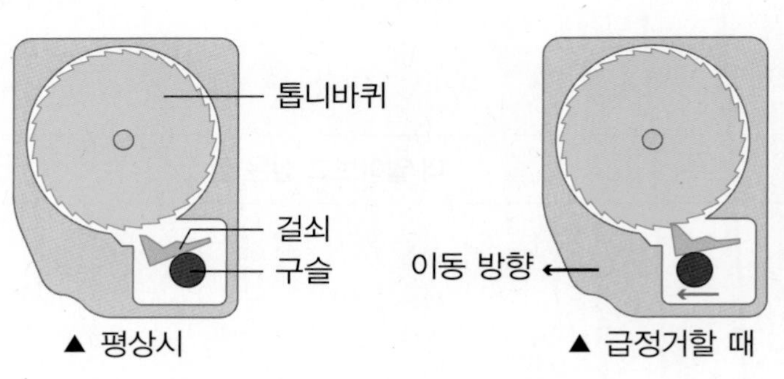

▲ 평상시 ▲ 급정거할 때

....

....

....

....

3. 우리 주변에서 관성에 의해 나타나는 현상이나 관성을 활용하는 경우를 서술하시오.

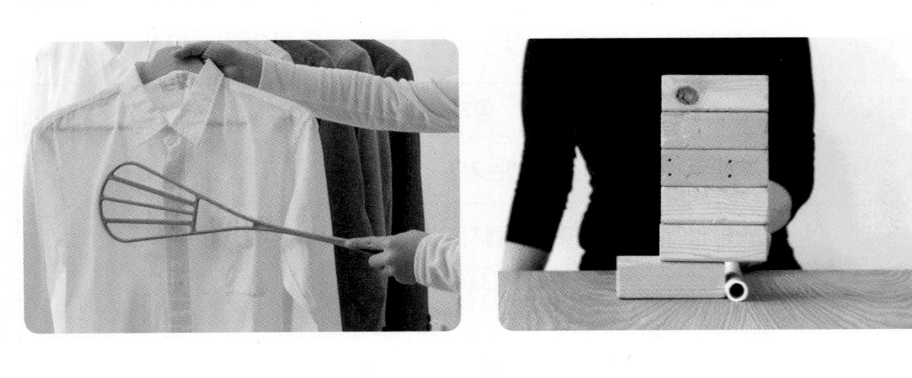

평가하기

※ 탐구 활동을 스스로 평가해 보세요.

주제	앗! 계속 풀려~ 두루마리 휴지!			
평가 항목	평가 내용	상	중	하
탐구 계획	주제에 맞게 가설 설정을 했는가?	✓		
	탐구 방법이 너무 쉽지도 어렵지도 않은 적당한 수준인가?			
	탐구 계획이 주제에 맞는가?			
탐구 과정	측정 대상과 방법이 적절한가?			
	결과를 측정하기 위해 적절한 도구를 사용했는가?			
	변인 통제를 바르게 했는가?			
	탐구 과정이 타당하고 올바른가?			
	탐구 계획대로 올바르게 수행했는가?			
탐구 결과 및 결론	탐구 결과를 보기 좋게 표나 그래프로 나타내었는가?			
	탐구 결과에 대한 결론 해석이 타당한가?			
	여러 번 실험한 후 탐구 결과의 평균값을 사용했는가?			
	실험 전 예상한 결과와 탐구 결과가 같은가?			
더 알고 싶은 점	가설과 탐구 결과가 다를 때 그 이유를 추리하여 설명했는가?			
	탐구 활동 중 생긴 문제점과 해결 방법을 설명했는가?			
	탐구 활동을 통해 알게 된 점을 우리 생활과 연관지어 설명했는가?			
탐구보고서 작성	탐구 과정과 탐구 결과를 보기 좋게 정리했는가?			
종합 및 기타 의견				

08

앗! 자꾸 김 서려~

욕실 거울!

- 린스를 바르면 왜 거울에 김이 서리지 않을까?
- 컵에 걸쳐 올려진 카드 위에 어떻게 동전탑을 쌓을 수 있을까?

왜 그럴까?
한번 알아보아요!

따뜻한 물로 샤워를 하고 나면 욕실 거울에 뿌옇게 김이 서려 거울을 볼 수 없다. 특히 겨울에는 김이 더 많이 서리고 물을 뿌려도 잠시 맑아졌다 다시 김이 서린다. 욕실 거울에 김이 서리는 이유는 응결 현상 때문이다. 사용한 따뜻한 물로 인해 공기 중의 수증기가 많아지고, 이 수증기가 차가운 거울 표면에 달라붙어 식으면서 물방울이 되어 김이 서린다. 욕실에 김이 서려 있으면 습해져 좋지 않으므로 마른 수건이나 스퀴지로 닦아 주어야 하지만 매번 그렇게 하기는 너무 불편하다. 김 서림을 방지할 수 있는 좋은 방법은 없을까? 마른 수건에 린스를 묻혀 거울을 닦으면 물방울로 맺히지 않고 퍼져 흘러내리므로 김이 서리지 않는다.

용어정리

응결 기체인 공기 중의 수증기가 차가운 물체의 표면에서 식거나 공기의 온도가 내려가 액체인 물이 되는 현상이다. 얼음물이 든 컵을 실내에 놓아두면 컵 표면에 작은 물방울이 맺히는 것과 안개, 이슬, 구름 등은 응결에 의한 현상이다.

표면장력 물과 같은 액체가 서로 강하게 붙어 있으려는 성질(응집력) 때문에 표면을 팽팽하고 탄력 있는 막처럼 만드는 힘이다.

계면활성제 물과 잘 섞이는 부분과 기름과 잘 섞이는 부분을 동시에 가지고 있어 물과 기름을 섞이게 해 주는 물질로, 물의 표면을 넓혀 표면장력을 약하게 한다.

정답과 해설 46쪽

미리 확인하는 과학 개념

1. 거울에 맺힌 물방울 표면은 둥근 모양이다. 그 이유를 서술하시오.

....

....

....

....

2. 물보다 밀도가 큰 소금쟁이는 물 위에 뜰 수 있다. 그 이유를 서술하시오.

....

....

....

....

실험탐구

탐구 1 과학자가 되어 실험해 볼까?

먼저 생각해 보기 거울에 린스를 바르면 김이 서리지 않는다. 그 이유를 서술하시오.

영상 보러가기

탐구 주제 거울에 린스를 바르면 김이 서리지 않는 이유는 무엇일까?

가설 설정 린스가 물의 표면장력을 약하게 하기 때문이다.

준비물

- ✓ 물
- ✓ 린스
- ✓ 클립 여러 개
- ✓ 100원 동전 2개
- ✓ 빨대 2개
- ✓ 색소
- ✓ 종이컵 2개
- ✓ 커피 필터

탐구 방법

영상 보러가기

① 물에 린스를 넣고 빨대로 저어 맑은 린스물로 만든다.
② 빨대로 동전 위에 물을 한 방울씩 떨어뜨리면서 옆모습을 관찰한다.
③ 빨대로 동전 위에 린스물을 한 방울씩 떨어뜨리면서 옆모습을 관찰한다.
④ 수직으로 편 클립 위에 다른 클립을 올린 후 린스물에 클립을 띄워본다.
⑤ ④와 같은 방법으로 물에 클립을 띄워본다.
⑥ ⑤에 린스물을 한두 방울 떨어뜨린다.

★TIP★ 린스가 완전히 녹지 않으면 커피 필터로 걸러 맑은 린스물만 사용하세요.
★TIP★ 색소를 이용하면 액체를 구분하기 쉽고 액체 표면을 관찰하기 쉬워요.
★TIP★ 린스물에 넣었던 클립을 물에 다시 넣지 않아요.

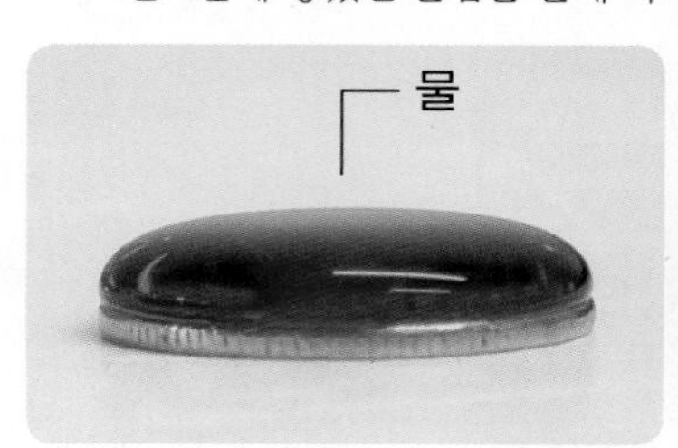

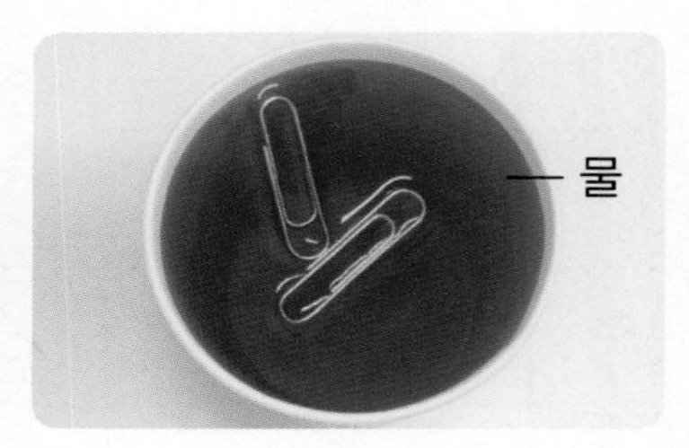

★TIP★ 88쪽 QR코드를 찍어 영상을 확인한 후 탐구 결과를 작성해 보세요.

탐구 결과

1. 동전 위 물과 린스물의 옆모습

구분	물	린스물
모양		
특징		

2. 클립의 변화

구분	린스물	물	물에 린스물을 떨어뜨릴 때
클립의 변화			

탐구 결론

탐구 결과를 이용하여 탐구 결론을 정리하시오.

가설 판단

탐구 결과를 통해 가설이 옳은지, 옳지 않은지 판단하시오.

린스가 물의 표면장력을 약하게 하기 때문이다. (O / X)

★TIP★ 설정한 가설이 옳지 않을 경우, 가설을 재설정하여 다시 실험을 진행합니다.

더 알아보기

1. 탐구 활동 중 생긴 문제점과 해결 방법을 서술하시오.

2. 탐구 활동을 한 후 더 알아보고 싶은 점을 서술하시오.

실험탐구

탐구 2 다르게 실험해 봐요!

먼저 생각해 보기 액체의 표면장력 크기에 영향을 주는 변인을 적으시오.

....

....

....

탐구 주제 여러 가지 액체의 표면장력의 크기를 어떻게 비교할 수 있을까?

가설 설정 액체 방울의 모양이 둥글수록, 액체가 가득 담긴 컵에 액체가 흘러넘치기 전까지 넣은 동전의 개수가 많을수록 액체의 표면장력이 클 것이다.

준비물

- ✓ 물
- ✓ 에탄올
- ✓ 린스물
- ✓ 소금물 포화 용액
- ✓ 작은 종이컵 4개
- ✓ 색소
- ✓ 빨대 4개
- ✓ 100원 동전 여러 개

탐구 방법 주어진 변인 중에서 통제 변인에는 ○표, 조작 변인에는 △표 하시오.

액체의 온도, 액체의 종류, 종이컵의 크기, 동전의 크기

영상 보러가기

① 따뜻한 물에 소금이 더 이상 녹지 않을 때까지 녹인 후 실온으로 식힌다.

② 물이 스며들지 않는 곳에 각 액체를 한 방울씩 떨어뜨린 후 모양을 관찰한다.

③ 종이컵에 각 액체를 가득 채운 후 동전을 1개씩 넣는다.

★TIP★ 액체마다 다른 빨대와 종이컵을 사용해요.

★TIP★ 액체 속에 넣었던 동전은 깨끗하게 씻은 후 물기를 닦아서 사용해요.

★TIP★ 90쪽 QR코드를 찍어 영상을 확인한 후 탐구 결과를 작성해 보세요.

탐구 결과

1. 액체 한 방울의 모양

구분	물	에탄올	소금물 포화 용액	린스물
모양				
특징				

2. 액체가 흘러넘치기 전까지 넣은 동전의 개수

구분	물	에탄올	소금물 포화 용액	린스물
동전의 개수(개)				

탐구 결론

탐구 결과를 이용하여 탐구 결론을 정리하시오.

가설 판단

탐구 결과를 통해 가설이 옳은지, 옳지 않은지 판단하시오.

액체 방울의 모양이 둥글수록, 액체가 가득 담긴 컵에 액체가 흘러넘치기 전까지 넣은 동전의 개수가 많을수록 액체의 표면장력이 클 것이다. (O / X)

★TIP★ 설정한 가설이 옳지 않을 경우, 가설을 재설정하여 다시 실험을 진행합니다.

더 알아보기

1. 탐구 활동 중 생긴 문제점과 해결 방법을 서술하시오.

2. 탐구 활동을 한 후 더 알아보고 싶은 점을 서술하시오.

실험탐구

탐구 3 탐구보고서를 작성해 보자!

먼저 생각해 보기

컵에 걸쳐 올려진 카드 위에 동전탑을 쌓을 수 있다. 그 이유를 서술하시오.

※ 다음 탐구 주제를 해결하기 위한 실험을 설계하고 탐구보고서를 작성하시오.

탐구 주제	컵에 걸쳐 올려진 카드 위에 어떻게 동전탑을 쌓을 수 있을까?	
가설 설정		
준비물		
탐구 방법	조작 변인	통제 변인
	활동 사진과 함께 설명을 적으세요.	

<table>
<tr><td>탐구 결과</td><td colspan="2"></td></tr>
<tr><td>탐구 결론</td><td colspan="2"></td></tr>
<tr><td>가설 판단</td><td colspan="2"></td></tr>
<tr><td rowspan="4">더 알아보기</td><td>탐구 활동 중 생긴 문제점</td><td>해결 방법</td></tr>
<tr><td></td><td></td></tr>
<tr><td colspan="2">더 알아보고 싶은 점</td></tr>
<tr><td colspan="2"></td></tr>
</table>

보고서를 발표하기 위한 PPT를 만들고, 발표 동영상을 촬영해 보세요.

- PPT에는 준비물과 실험하는 전체 장면 사진이 포함되어야 합니다.
- 동영상 처음에 "이 과제는 모두 제가 혼자 힘으로 해결했습니다."라는 말이 들어가도록 합니다.

융합탐구

실험 결과를 이용해 볼까?

1. 프로펠러 모양으로 자른 종이 날개 한쪽 면에 수정액을 바른 후 거꾸로 세운 못에 끼워 물에 띄웠다. 못 위에 에탄올을 떨어뜨리면 어떻게 될지 이유와 함께 서술하시오.

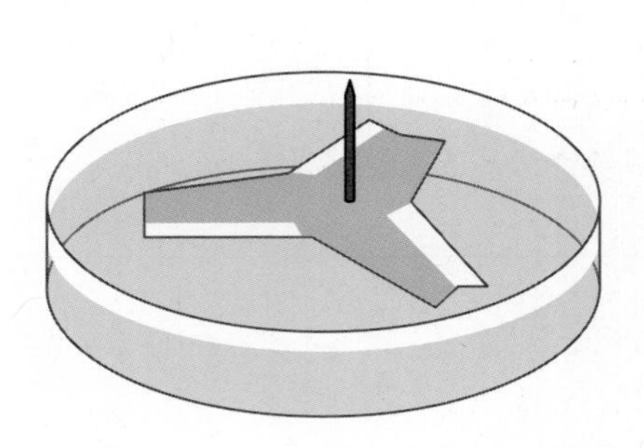
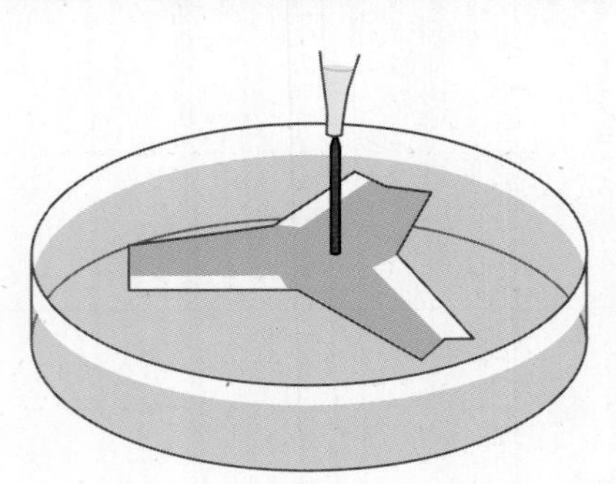

....

....

....

2. 연잎에 물방울이 떨어지면 물방울이 잎에 달라붙지 않고 돌아다니다 서로 뭉쳐 아래로 떨어진다. 이처럼 잎이 물방울에 젖지 않는 현상을 연잎 효과라고 한다. 연잎 효과의 원리를 서술하시오.

....

....

....

3. 우리 주변에서 표면장력에 의해 나타나는 현상이나 표면장력을 활용하는 경우를 서술하시오.

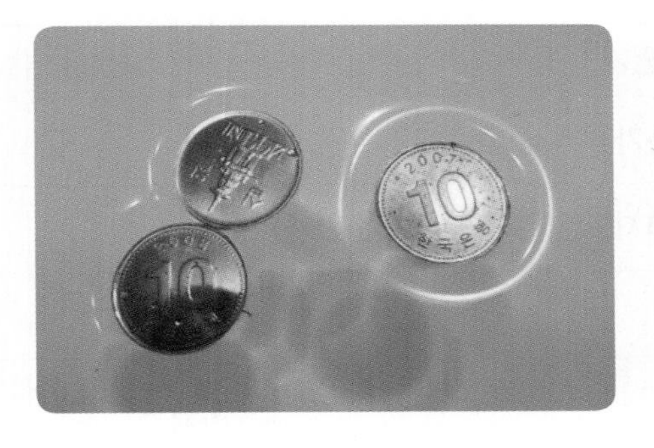

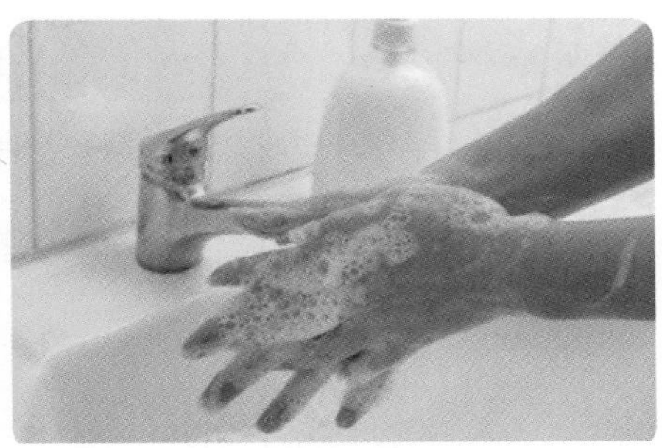

평가하기

※ 탐구 활동을 스스로 평가해 보세요.

주제	앗! 자꾸 김 서려~ 욕실 거울!			
평가 항목	평가 내용	상	중	하
탐구 계획	주제에 맞게 가설 설정을 했는가?	✓		
	탐구 방법이 너무 쉽지도 어렵지도 않은 적당한 수준인가?			
	탐구 계획이 주제에 맞는가?			
탐구 과정	측정 대상과 방법이 적절한가?			
	결과를 측정하기 위해 적절한 도구를 사용했는가?			
	변인 통제를 바르게 했는가?			
	탐구 과정이 타당하고 올바른가?			
	탐구 계획대로 올바르게 수행했는가?			
탐구 결과 및 결론	탐구 결과를 보기 좋게 표나 그래프로 나타내었는가?			
	탐구 결과에 대한 결론 해석이 타당한가?			
	여러 번 실험한 후 탐구 결과의 평균값을 사용했는가?			
	실험 전 예상한 결과와 탐구 결과가 같은가?			
더 알고 싶은 점	가설과 탐구 결과가 다를 때 그 이유를 추리하여 설명했는가?			
	탐구 활동 중 생긴 문제점과 해결 방법을 설명했는가?			
	탐구 활동을 통해 알게 된 점을 우리 생활과 연관지어 설명했는가?			
탐구보고서 작성	탐구 과정과 탐구 결과를 보기 좋게 정리했는가?			
종합 및 기타 의견				

09

앗! 자꾸 사라져~

마스크!

- 물체에 자석을 가까이 하면 어떻게 될까?
- 연필은 어떻게 뾰족한 부분을 바닥으로 향한 채 곧게 설 수 있을까?

왜 그럴까?
한번 알아보아요!

코로나19 예방을 위해 의무적으로 마스크를 착용해야 하는 제도가 있었다. 집에서 나갈 때 마스크를 잊지 않고 가지고 나가기 위한 방법은 현관문에 마스크 걸이를 붙여두고 각 고리에 마스크를 걸어두는 것이다. 그러나 여러 개의 고리가 한곳에 붙어 있는 마스크 걸이는 키가 다른 가족들이 함께 사용하기 불편하다. 이러한 불편함을 해소하기 위해 철로 만든 현관문에 자석이 붙어 있는 고리를 1개씩 붙이면 모든 가족이 원하는 높이에 마스크를 걸 수 있다.

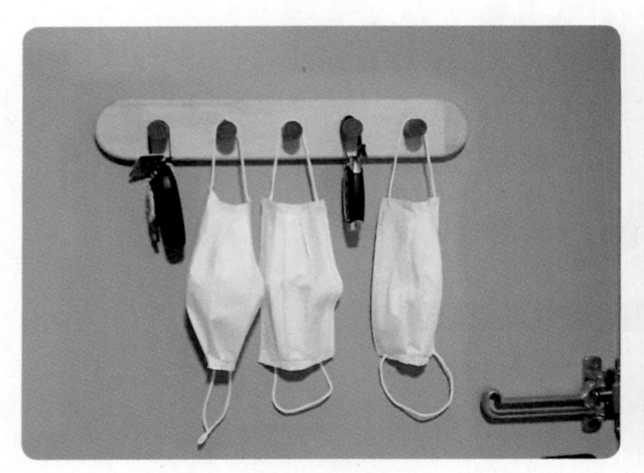

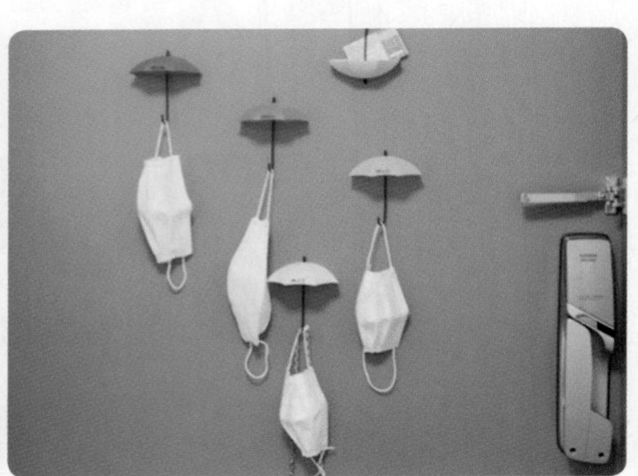

용어정리

자성체 자성의 성질을 가지고 있는 물체

강자성체 자석을 가까이 하면 강하게 자성을 띠고 자석을 멀리해도 자성이 잘 사라지지 않는 물질로, 철, 니켈, 코발트 등이 강자성체이다.

상자성체 자석을 가까이 하면 약하게 자성을 띠고 자석을 멀리하면 자성을 잃어버리는 물질로, 알루미늄, 백금, 산소 등이 상자성체이다.

반자성체 자석을 가까이 하면 자석과 반대 방향으로 자성을 가져 자석을 밀어내는 물질로, 구리, 금, 은, 물, 흑연 등이 반자성체이다.

개념탐구

미리 확인하는 과학 개념

1. 자석의 힘이 가장 강한 곳을 자석의 극이라고 한다. 자석의 극을 각각 찾으시오.

▲ 막대자석
◀ 동전자석
▲ 말굽자석
◀ 고리자석

2. 자석의 성질이 없는 클립을 자성을 띠게 하는 방법을 서술하시오.

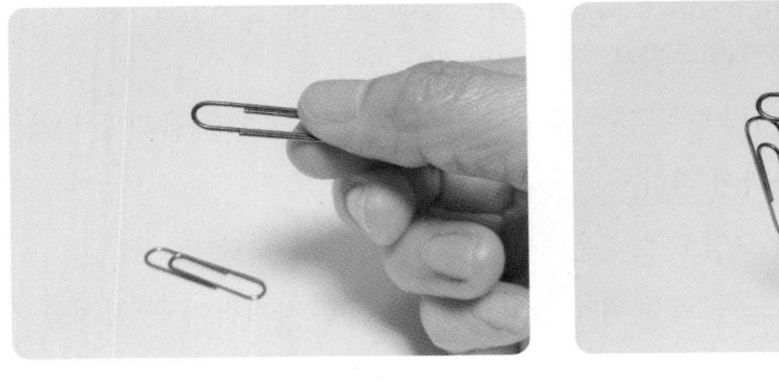
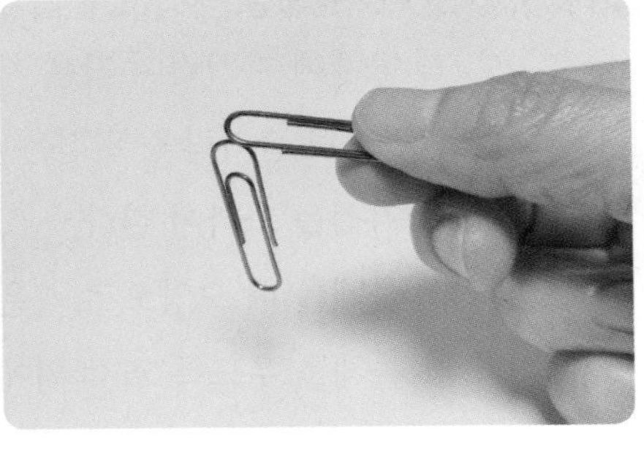

....

....

....

....

실험탐구

탐구 1 과학자가 되어 실험해 볼까?

먼저 생각해 보기 현관문에 자석이 잘 붙는다. 그 이유를 서술하시오.

....

....

....

영상 보러가기

탐구 주제 물체에 자석을 가까이 하면 어떻게 될까?

가설 설정 자석을 가까이 하면 철로 만든 물체만 끌려올 것이다.

준비물

✓ 자기력이 작은 자석	✓ 자기력이 큰 자석	✓ 플라스틱 숟가락	✓ 넓은 그릇
✓ 우드록 조각	✓ 칼	✓ 클립	✓ 바늘
✓ 샤프심	✓ 빨대	✓ 물	✓ 알루미늄 포일
✓ 100원짜리 동전	✓ 10원짜리 동전	✓ 유리 온도계	

탐구 방법

영상 보러가기

① 빨대 한쪽 끝을 접어 붙인 후 물을 채우고 반대쪽 끝도 접어 붙인다.
② 각 물체에 자기력이 작은 자석을 가까이 한다.
③ 플라스틱 숟가락을 뒤집은 후 볼록한 부분에 각 물체를 올려 균형을 잡고 자기력이 큰 자석을 가까이 한다.
④ 각 물체를 배 모양으로 가운데에 홈을 낸다.
⑤ 각 물체를 우드록 조각 위에 놓고 물에 띄운 후 자기력이 큰 자석을 가까이 한다.

★TIP★ 자기력이 큰 자석 주위에 전자 제품을 가까이 두지 말고 자석과 물체 사이에 손가락이 끼지 않도록 조심하세요.

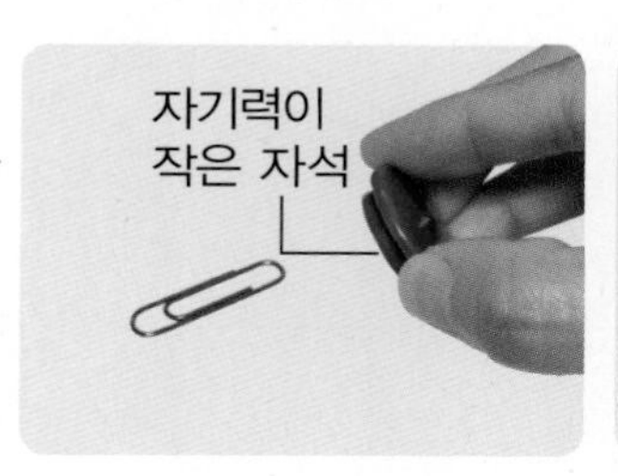

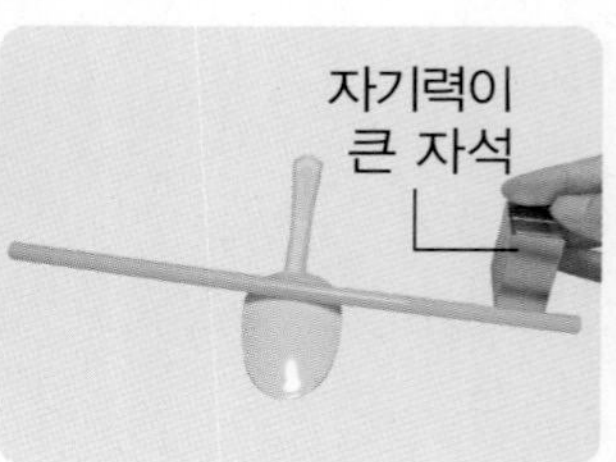

★TIP★ 100쪽 코드를 찍어 영상을 확인한 후 탐구 결과를 작성해 보세요.

탐구 결과 자석을 가까이 했을 때 각 물체의 반응

구분	자기력이 작은 자석	자기력이 큰 자석	
		물체를 숟가락 위에 놓기	물체를 물에 띄우기
클립			
바늘			
샤프심			
빨대			
물			
알루미늄 포일			
100원짜리 동전			
10원짜리 동전			
유리 온도계			

탐구 결론 탐구 결과를 이용하여 탐구 결론을 정리하시오.

....

....

가설 판단 탐구 결과를 통해 가설이 옳은지, 옳지 않은지 판단하시오.

자석을 가까이 하면 철로 만든 물체만 끌려올 것이다. (O / X)

★TIP★ 설정한 가설이 옳지 않을 경우, 가설을 재설정하여 다시 실험을 진행합니다.

더 알아보기 1. 탐구 활동 중 생긴 문제점과 해결 방법을 서술하시오.

....

....

2. 탐구 활동을 한 후 더 알아보고 싶은 점을 서술하시오.

....

실험탐구

탐구 2 다르게 실험해 보아요!

먼저 생각해 보기 물체가 자성을 잃는 경우를 서술하시오.

....

....

탐구 주제 물체의 자성이 사라질 수 있을까?

가설 설정 물체를 가열하면 자성이 사라질 것이다.

준비물

✓ 바늘 2개 ✓ 자석 2개 ✓ 실 ✓ 초와 라이터
✓ 스테이플러 심 ✓ 우드록 ✓ 상자 ✓ 칼과 가위

탐구 방법 주어진 변인 중에서 통제 변인에는 ○표, 조작 변인에는 △표 하시오.

바늘의 길이, 바늘의 재질, 스테이플러 심의 무게, 물체의 온도,
자기력의 크기, 물체와 자석 사이의 거리,

영상 보러가기

① 바늘 2개를 우드록에 간격을 두고 꽂은 후 같은 시간 동안 자석에 붙인다.
② 바늘 2개에 각각 스테이플러 심을 붙인 후 1개만 촛불의 겉불꽃으로 가열한다.
③ 바늘 2개에 각각 실을 끼우고 우드록에 고정한다.
④ 자석 2개를 바늘 간격과 같게, 바늘이 촛불의 겉불꽃에 닿도록 상자에 붙인다.
⑤ 바늘 2개가 자석과 같은 거리만큼 떨어지도록 맞춘다.
⑥ 자석에 끌려 떠 있는 바늘 중 1개만 촛불의 겉불꽃으로 가열한다.

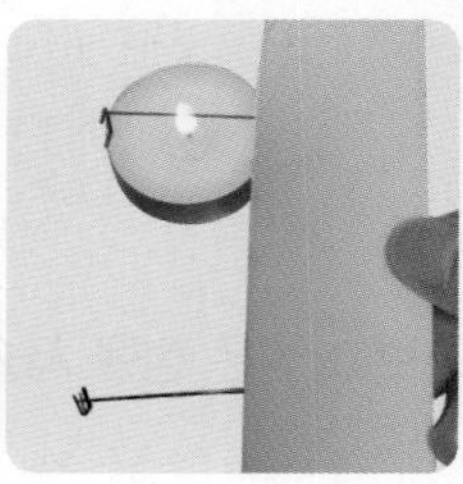

★TIP★ 102쪽 QR코드를 찍어 영상을 확인한 후 탐구 결과를 작성해 보세요.

탐구 결과

1. 자기화시킨 바늘을 가열할 때 스테이플러 심의 변화

구분	가열하지 않은 바늘	가열한 바늘
심의 변화		

2. 자석에 끌려 떠 있는 바늘을 가열할 때 바늘의 변화

구분	가열하지 않은 바늘	가열한 바늘
바늘의 변화		

탐구 결론

탐구 결과를 이용하여 탐구 결론을 정리하시오.

가설 판단

탐구 결과를 통해 가설이 옳은지, 옳지 않은지 판단하시오.

물체를 가열하면 자성이 사라질 것이다. (O / X)

★TIP★ 설정한 가설이 옳지 않을 경우, 가설을 재설정하여 다시 실험을 진행합니다.

더 알아보기

1. 탐구 활동 중 생긴 문제점과 해결 방법을 서술하시오.

2. 탐구 활동을 한 후 더 알아보고 싶은 점을 서술하시오.

실험탐구

탐구 3 탐구보고서를 작성해 보자!

먼저 생각해 보기 오른쪽과 같이 연필이 뾰족한 부분을 바닥으로 향한 채 곧게 설 수 있다. 그 이유를 서술하시오.

....

....

※ 다음 탐구 주제를 해결하기 위한 실험을 설계하고 탐구보고서를 작성하시오.

탐구 주제	연필이 어떻게 뾰족한 부분을 바닥으로 향한 채 곧게 설 수 있을까?
가설 설정	
준비물	
탐구 방법	활동 사진과 함께 설명을 적으세요.

<table>
<tr><td>탐구 결과</td><td colspan="2"></td></tr>
<tr><td>탐구 결론</td><td colspan="2"></td></tr>
<tr><td>가설 판단</td><td colspan="2"></td></tr>
<tr><td rowspan="5">더 알아보기</td><td>탐구 활동 중 생긴 문제점</td><td>해결 방법</td></tr>
<tr><td></td><td></td></tr>
<tr><td colspan="2">더 알아보고 싶은 점</td></tr>
<tr><td colspan="2"></td></tr>
</table>

보고서를 발표하기 위한 PPT를 만들고, 발표 동영상을 촬영해 보세요.

- PPT에는 준비물과 실험하는 전체 장면 사진이 포함되어야 합니다.
- 동영상 처음에 "이 과제는 모두 제가 혼자 힘으로 해결했습니다."라는 말이 들어가도록 합니다.

융합탐구

실험 결과를 이용해 볼까?

1. 다음과 같이 오이나 포도를 매달아 수평을 맞추고 강한 자석을 가까이 하면 오이와 포도가 밀려난다. 그 이유를 서술하시오.

2. 철사를 V자 모양으로 만들어 고정시키고 반대쪽에 한쪽 철사가 자석에 끌리도록 만든 후 철사를 촛불로 가열하면 V자 모양 철사가 좌우로 움직인다. 그 이유를 서술하시오.

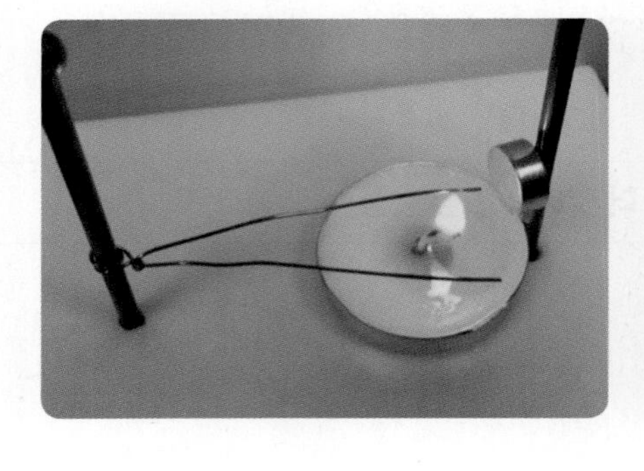

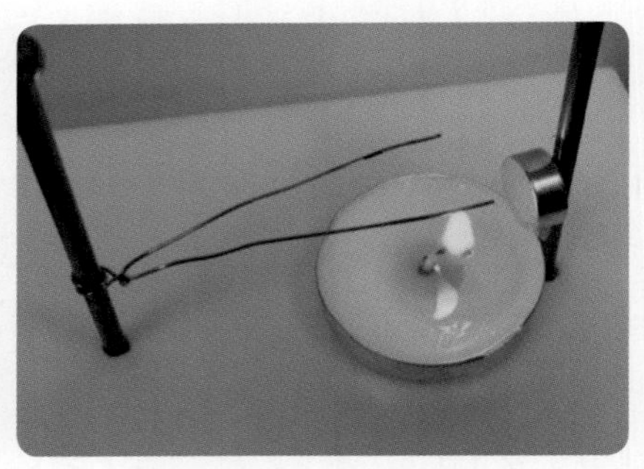

정답과 해설 58쪽

3. 우리 주변에서 자석을 이용하여 좀 더 편리하게 활용할 수 있는 경우를 서술하시오.

평가하기

※ 탐구 활동을 스스로 평가해 보세요.

주제	앗! 자꾸 사라져~ 마스크!			
평가 항목	평가 내용	상	중	하
탐구 계획	주제에 맞게 가설 설정을 했는가?	✓		
	탐구 방법이 너무 쉽지도 어렵지도 않은 적당한 수준인가?			
	탐구 계획이 주제에 맞는가?			
탐구 과정	측정 대상과 방법이 적절한가?			
	결과를 측정하기 위해 적절한 도구를 사용했는가?			
	변인 통제를 바르게 했는가?			
	탐구 과정이 타당하고 올바른가?			
	탐구 계획대로 올바르게 수행했는가?			
탐구 결과 및 결론	탐구 결과를 보기 좋게 표나 그래프로 나타내었는가?			
	탐구 결과에 대한 결론 해석이 타당한가?			
	여러 번 실험한 후 탐구 결과의 평균값을 사용했는가?			
	실험 전 예상한 결과와 탐구 결과가 같은가?			
더 알고 싶은 점	가설과 탐구 결과가 다를 때 그 이유를 추리하여 설명했는가?			
	탐구 활동 중 생긴 문제점과 해결 방법을 설명했는가?			
	탐구 활동을 통해 알게 된 점을 우리 생활과 연관지어 설명했는가?			
탐구보고서 작성	탐구 과정과 탐구 결과를 보기 좋게 정리했는가?			
종합 및 기타 의견				

10

앗! 자꾸 끈적해져~ 가윗날!

- 성질이 다른 여러 가지 액체를 섞으면 어떻게 될까?
- 물을 부으면 왜 접시 위에 그린 그림이 떠올라 움직일까?

왜 그럴까?
한번 알아보아요!

가위로 테이프를 많이 자르면 가윗날에 테이프의 점착제가 달라붙어 끈적해진다. 끈적해진 가윗날은 물체가 달라붙고 잘 움직이지도 않아 물체를 자르기 힘들다. 점착제는 끈적하고 주성분이 기름이므로 쉽게 닦이지 않는다. 가윗날이 끈적해질 때마다 매번 새 가위를 살 수는 없다. 이때 가윗날에 알코올 손 소독제를 듬뿍 바르고 10분 후에 휴지나 물티슈로 닦으면 끈적한 부분을 깨끗하게 닦을 수 있다. 아세톤, 식용유, 선크림, 스티커 제거제 등을 이용하면 점착제를 더 쉽게 닦을 수 있다.

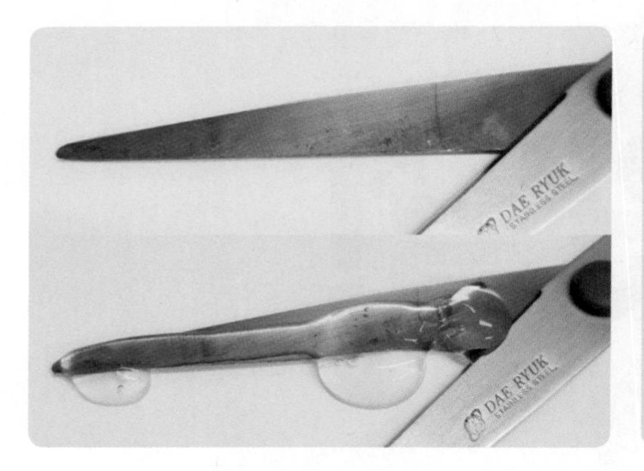

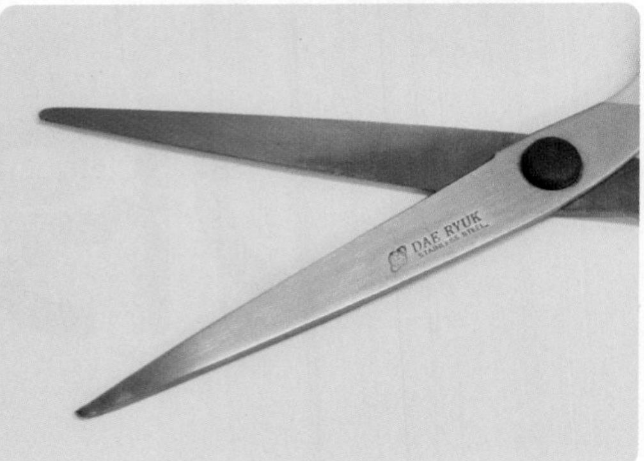

용어정리

점착제 테이프나 포스트잇 뒷면에 발려 있는 물질로, 붙인 후 떼었다 다시 붙일 수 있다. 본드나 풀과 같이 접착력이 강하고 마르면 잘 떼어지지 않는 것은 접착제이다.

알코올 손 소독제 세균을 없애는 에탄올과 보습제인 소량의 글리세린이 들어 있는 물질이다.

극성 물질을 이루는 입자에 (+) 전기와 (−) 전기가 고르게 분포되어 있지 않고 한쪽은 (+) 전기를 띠고 다른 한쪽은 (−) 전기를 띠는 상태이다.

무극성 물질을 이루는 입자에 (+) 전기와 (−) 전기가 고르게 분포되어 있어 극성이 없는 상태이다.

유화제 친수성 부분과 소수성(친유성) 부분을 모두 가지고 있어 물 성분과 기름 성분을 섞어준다.

개념탐구

정답과 해설 59쪽

미리 확인하는 과학 개념

1. 식용유가 들어 있는 컵에 물을 부으면 어떻게 되는지 서술하시오.

2. 책상이나 마룻바닥에 수성 사인펜과 유성 사인펜이 묻었을 때 지울 수 있는 방법을 서술하시오.

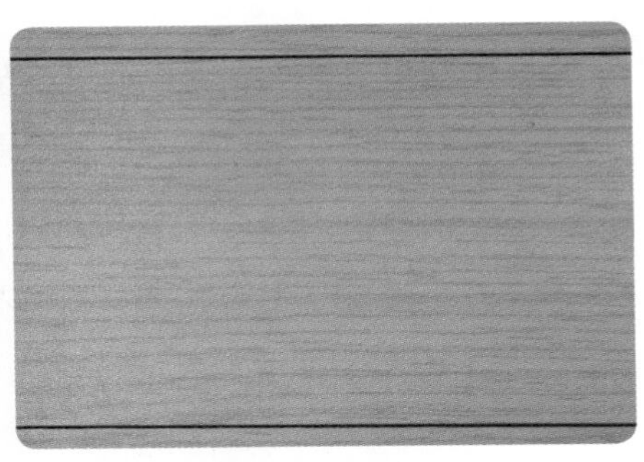

실험탐구

탐구 1 과학자가 되어 실험해 볼까?

먼저 생각해 보기 가윗날을 끈적하게 하는 것은 대부분 테이프의 접착제이다. 가윗날의 끈적한 부분을 손소독제로 닦으면 깨끗해지는 이유를 서술하시오.

....

....

영상 보러가기

탐구 주제 성질이 다른 여러 가지 액체를 섞으면 어떻게 될까?

가설 설정 성질이 비슷한 액체끼리만 섞일 것이다.

준비물

- ✓ 투명한 병 3개 ✓ 식용유 ✓ 소독용 알코올 ✓ 베이비오일 ✓ 물
- ✓ 물약병 ✓ 색소 ✓ 마블링 물감 ✓ 빨대

탐구 방법

영상 보러가기

① 투명한 병에 물, 식용유, 알코올, 베이비오일을 순서대로 넣는다.

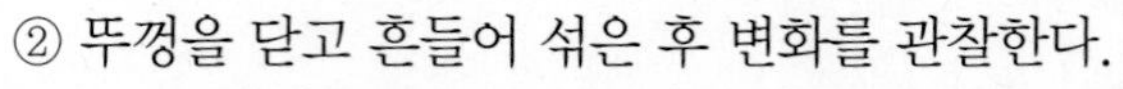

② 뚜껑을 닫고 흔들어 섞은 후 변화를 관찰한다.

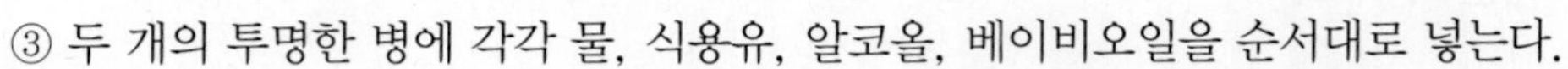

③ 두 개의 투명한 병에 각각 물, 식용유, 알코올, 베이비오일을 순서대로 넣는다.

④ 물약병에 색소물을 진하게 만든다.

⑤ 색소물을 떨어뜨리고 빨대를 이용하여 병 바닥에 넣은 후 변화를 관찰한다.

⑥ 빨대를 좌우로 천천히 저어 색소물을 섞는다.

⑦ 마블링 물감을 떨어뜨리고 빨대를 이용하여 병 바닥에 넣은 후 변화를 관찰한다.

⑧ 빨대를 좌우로 천천히 저어 마블링 물감을 섞는다.

★TIP★ 112쪽 QR코드를 찍어 영상을 확인한 후 탐구 결과를 작성해 보세요.

탐구 결과

1. 흔들어 섞었을 때 액체의 변화

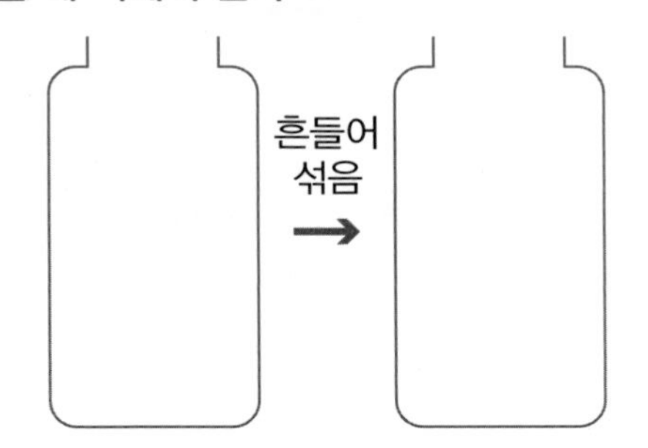

2. 색소물과 마블링 물감을 넣었을 때 액체의 변화

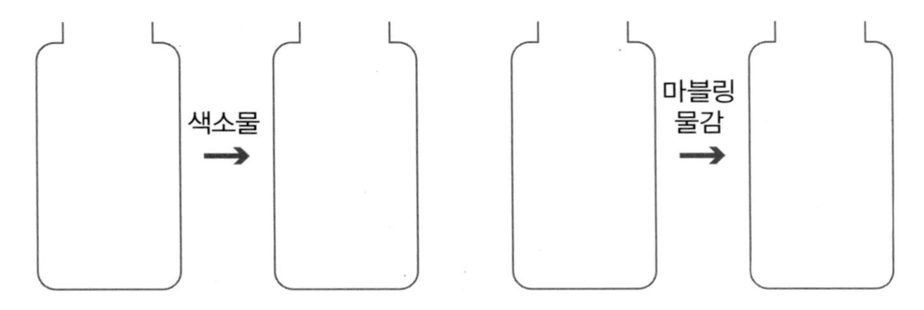

탐구 결론

탐구 결과를 이용하여 탐구 결론을 정리하시오.

....

....

가설 판단

탐구 결과를 통해 가설이 옳은지, 옳지 않은지 판단하시오.

성질이 비슷한 액체끼리만 섞일 것이다. (O / X)

★TIP★ 설정한 가설이 옳지 않을 경우, 가설을 재설정하여 다시 실험을 진행합니다.

더 알아보기

1. 탐구 활동 중 생긴 문제점과 해결 방법을 서술하시오.

....

....

2. 탐구 활동을 한 후 더 알아보고 싶은 점을 서술하시오.

....

실험탐구

탐구 2 다르게 실험해 봐요!

먼저 생각해 보기 물과 기름을 섞을 수 있는 방법을 서술하시오.

....

....

....

탐구 주제 물과 기름을 섞을 수 있을까?

가설 설정 유화제를 사용하면 물과 기름을 섞을 수 있을 것이다.

준비물

✓ 컵 5개 ✓ 물 ✓ 식용유 ✓ 거품기 ✓ 세제 ✓ 달걀노른자
✓ 가루우유 ✓ 겨자 ✓ 티스푼 ✓ 초시계 ✓ 물약병(계량컵)

탐구 방법 주어진 변인 중에서 통제 변인에는 ○표, 조작 변인에는 △표 하시오.

물의 양, 식용유의 양, 유화제의 종류, 유화제의 양,
물과 식용유를 섞는 빠르기, 물과 식용유를 섞는 시간

영상 보러가기

① 컵에 물을 30 mL 넣고 1분 동안 거품기로 물을 저으며 식용유 20 mL를 조금씩 넣어 골고루 섞는다.

② 4개의 컵에 물 30 mL 넣고 각각 세제, 달걀노른자, 가루우유, 겨자를 한 숟가락씩 넣고 잘 섞는다.

③ 1분 동안 거품기로 물을 저으며 식용유 20 mL를 조금씩 넣어 골고루 섞는다.

★TIP★ 114쪽 QR코드를 찍어 영상을 확인한 후 탐구 결과를 작성해 보세요.

탐구 결과 물과 식용유의 변화

유화제 종류	물과 식용유의 변화
없음	
세제	
달걀노른자	
가루우유	
겨자	

탐구 결론 탐구 결과를 이용하여 탐구 결론을 정리하시오.

....

....

....

가설 판단 탐구 결과를 통해 가설이 옳은지, 옳지 않은지 판단하시오.

유화제를 사용하면 물과 기름을 섞을 수 있을 것이다. (O / X)

★TIP★ 설정한 가설이 옳지 않을 경우, 가설을 재설정하여 다시 실험을 진행합니다.

더 알아보기 1. 탐구 활동 중 생긴 문제점과 해결 방법을 서술하시오.

....

....

2. 탐구 활동을 한 후 더 알아보고 싶은 점을 서술하시오.

....

....

실험탐구

탐구 3 탐구보고서를 작성해 보자!

먼저 생각해 보기

물을 부으면 보드마카로 접시 위에 그린 그림이 떠올라 움직인다. 그 이유를 서술하시오.

....

....

....

※ 다음 탐구 주제를 해결하기 위한 실험을 설계하고 탐구보고서를 작성하시오.

탐구 주제	물을 부으면 왜 보드마카로 접시 위에 그린 그림이 떠올라 움직일까?
가설 설정	
준비물	
탐구 방법	활동 사진과 함께 설명을 적으세요.

<table>
<tr><td>탐구 결과</td><td colspan="2"></td></tr>
<tr><td>탐구 결론</td><td colspan="2"></td></tr>
<tr><td>가설 판단</td><td colspan="2"></td></tr>
<tr><td rowspan="4">더
알아보기</td><td>탐구 활동 중 생긴 문제점</td><td>해결 방법</td></tr>
<tr><td></td><td></td></tr>
<tr><td colspan="2">더 알아보고 싶은 점</td></tr>
<tr><td colspan="2"></td></tr>
</table>

보고서를 발표하기 위한 PPT를 만들고, 발표 동영상을 촬영해 보세요.

- PPT에는 준비물과 실험하는 전체 장면 사진이 포함되어야 합니다.
- 동영상 처음에 “이 과제는 모두 제가 혼자 힘으로 해결했습니다.”라는 말이 들어가도록 합니다.

융합탐구

실험 결과를 이용해 볼까?

1. 맑은 날에는 아무것도 보이지 않지만 비가 내리면 바닥에 그림이 나타난다. 그 이유를 서술하시오.

2. 고무 풍선 옆에서 귤껍질을 벗기다 귤껍질의 즙이 닿으면 고무 풍선이 터진다. 그 이유를 서술하시오.

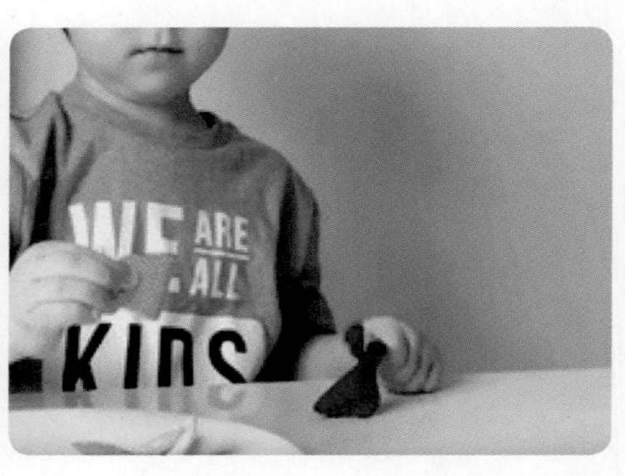

3. 계면활성제나 달걀노른자처럼 물과 기름을 섞어주는 물질을 유화제라고 한다. 우리 주변에서 유화제를 활용하여 극성 물질과 무극성 물질을 섞는 경우를 서술하시오.

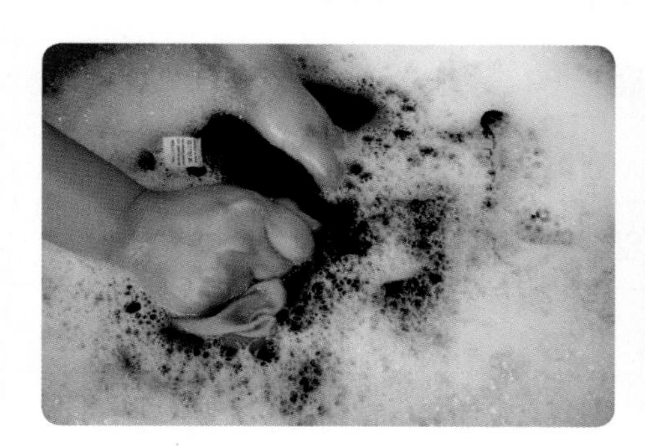

평가하기

※ 탐구 활동을 스스로 평가해 보세요.

주제	앗! 자꾸 끈적해져~ 가윗날!			
평가 항목	평가 내용	상	중	하
탐구 계획	주제에 맞게 가설 설정을 했는가?	✓		
	탐구 방법이 너무 쉽지도 어렵지도 않은 적당한 수준인가?			
	탐구 계획이 주제에 맞는가?			
탐구 과정	측정 대상과 방법이 적절한가?			
	결과를 측정하기 위해 적절한 도구를 사용했는가?			
	변인 통제를 바르게 했는가?			
	탐구 과정이 타당하고 올바른가?			
	탐구 계획대로 올바르게 수행했는가?			
탐구 결과 및 결론	탐구 결과를 보기 좋게 표나 그래프로 나타내었는가?			
	탐구 결과에 대한 결론 해석이 타당한가?			
	여러 번 실험한 후 탐구 결과의 평균값을 사용했는가?			
	실험 전 예상한 결과와 탐구 결과가 같은가?			
더 알고 싶은 점	가설과 탐구 결과가 다를 때 그 이유를 추리하여 설명했는가?			
	탐구 활동 중 생긴 문제점과 해결 방법을 설명했는가?			
	탐구 활동을 통해 알게 된 점을 우리 생활과 연관지어 설명했는가?			
탐구보고서 작성	탐구 과정과 탐구 결과를 보기 좋게 정리했는가?			
종합 및 기타 의견				

memo

memo

시대교육이 준비한 특별한 학생을 위한, 최상의 학습 시리즈

1 **안쌤의 사고력 수학 퍼즐 시리즈**
- 17가지 교구를 활용한 퍼즐 형태의 신개념 학습서
- 집중력, 두뇌 회전력, 수학 사고력 동시 향상

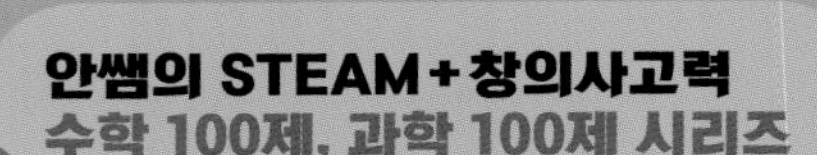

2 **안쌤의 STEAM + 창의사고력 수학 100제, 과학 100제 시리즈**
- 영재성검사 기출문제
- 창의사고력 실력다지기 100제
- 초등 1~6학년, 중등

8 **AI와 함께하는 영재교육원 면접 특강**
- 영재교육원 면접의 이해와 전략
- 각 분야별 면접 문항
- 영재교육 전문가들의 연습문제

7 **스스로 평가하고 준비하는 대학부설 · 교육청 영재교육원 봉투모의고사 시리즈**
- 영재교육원 집중 대비 · 실전 모의고사 3회분
- 면접 가이드 수록
- 초등 3~6학년, 중등

초등학생이 재미있게 탐구하고 쉽게 작성하는

안쌤의 신박한 과학 탐구보고서

가정생활편 1

정답 및 해설

본 도서는 향균잉크로 인쇄했습니다.

이 책의 차례

정답 및 해설

01 앗! 따가워~ 정전기!

개념탐구

1. 모범답안

머리카락과 빗, 머리카락과 털모자의 마찰에 의해 정전기가 생기기 때문이다.

해설

모든 물체는 (+) 전기를 띤 입자와 (−) 전기를 띤 입자를 같은 개수만큼 가지고 있어 평소에는 전기를 띠지 않는다. 그런데 서로 다른 두 물체를 문지르면 가벼운 (−) 전기를 띤 입자가 이동한다. 이때 (−) 전기를 띤 입자가 많은 물체는 (−) 전기를 띠고, (+) 전기를 띤 입자가 많은 물체는 (+) 전기를 띤다. 서로 다른 종류의 전기를 띤 물체 사이에는 끌어당기는 힘이 생겨 가까워지고, 충분히 가까워지면 (−) 전기를 띤 입자가 이동(방전)하면서 전류가 흐르는데 이때 번쩍하는 스파크가 생기고 찌릿함을 느낀다.

2. 모범답안

플라스틱 자를 머리카락에 문지르면 정전기가 생기고, 정전기를 띤 자를 비눗방울에 가까이 하면 자와 비눗방울이 서로 다른 종류의 전기를 띠어 끌어당기는 힘이 생기기 때문이다.

해설

물체가 전기를 띠게 하는 방법은 3가지가 있다. 서로 다른 두 물체를 문지르거나 전기를 띤 물체와 직접 접촉하거나 또는 전기를 띠는 물체를 가까이 하는 것이다. 전기를 띠는 물체 A를 전기를 띠지 않는 물체 B에 가까이 하면 물체 A와 가까운 곳은 다른 종류의 전기를, 먼 곳은 같은 종류의 전기를 띠게 되어 서로 끌어당기는 힘이 작용한다. 전기를 띠는 물체를 전기를 띠지 않은 물체에 가까이 했을 때 물체가 전기를 띠는 현상을 정전기 유도라고 한다.

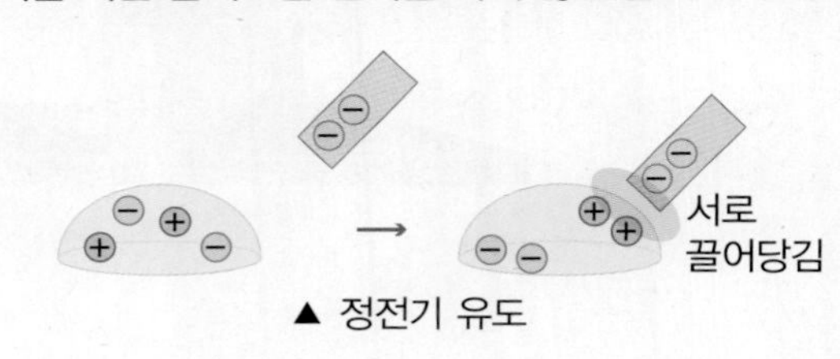

▲ 정전기 유도

실험탐구 탐구 1 과학자가 되어 실험해 볼까?

먼저 생각해 보기

서로 다른 두 물체를 문지르면 가벼운 (−) 전기를 띤 입자가 이동하면서 정전기가 생긴다. 이때 (−) 전기를 띤 입자가 많은 물체는 (−) 전기를 띠고, (+) 전기를 띤 입자가 많은 물체는 (+) 전기를 띤다.

탐구 방법

종잇조각의 크기, 빨대를 문지르는 물체의 종류, 문지르는 횟수

탐구 결과

여러 가지 물체에 문지른 플라스틱 빨대를 종잇조각에 가까이 할 때 변화

문지른 물체	종잇조각의 변화
플라스틱 빨대	아무 변화가 없다.
플라스틱 컵	아무 변화가 없다.
플라스틱 숟가락	아무 변화가 없다.
알루미늄 포일	아무 변화가 없다.
화장지	빨대에 종잇조각이 2~4개 정도 달라붙는다.
종이	빨대에 종잇조각이 6개 정도 달라붙는다.
머리카락	빨대에 종잇조각이 8개 정도 달라붙는다.

탐구 결론

플라스틱 빨대를 플라스틱으로 된 물체에 문질렀을 때는 정전기가 생기지 않아 플라스틱 빨대에 종잇조각이 달라붙지 않았다. 또, 도체인 알루미늄 포일에 문질렀을 때는 정전기가 흘러나가 플라스틱 빨대에 종잇조각이 달라붙지 않았다. 플라스틱 빨대를 화장지, 종이, 머리카락에 문질렀을 때는 정전기가 생겨 플라스틱 빨대에 종잇조각이 달라붙었다. 플라스틱 빨대를 화장지나 종이에 문질렀을 때보다 머리카락에 문질렀을 때 정전기가 많이 생긴다. 정전기는 종류가 다른 두 물질을 문질렀을 때 (−) 전기를 띤 입자가 이동하면서 생기며, 문지르는 물질의 종류에 따라 정전기가 생기는 정도가 다르다.

해설

대전열은 종류가 다른 두 물질을 문질렀을 때 (−) 전기를 띠는 입자를 잃어버리는 정도를 순서로 나타낸 것이다. 대전열에서 멀리 있는 두 물질을 문지를수록 정전기가 많이 생긴다.

(+) 털 – 유리 – 명주 – 나무 – 고무 – 플라스틱 – 에보나이트 (−)

← (+) 전기를 띠기 쉬운 물체 (−) 전기를 띠기 쉬운 물체 →

가설 판단

서로 다른 두 물체를 문지르면 정전기가 생길 것이다. (X)

더 알아보기

1. 탐구 활동 중 생긴 문제점과 해결 방법
   - 문제점: 손에 땀이 나 정전기가 잘 생기지 않았다.
   - 해결 방법: 빨대를 화장지로 감싸 땀이 묻지 않도록 하여 실험했다.
2. 탐구 활동을 한 후 더 알아보고 싶은 점
   - 정전기를 띤 물체 사이에 작용하는 힘의 크기를 알아보고 싶다.
   - 정전기를 많이 생기게 하는 방법을 알아보고 싶다.

탐구 2 다르게 실험해 봐요!

먼저 생각해 보기

정전기를 만드는 물체의 크기, 정전기를 만들기 위해 문지르는 물체의 재질, 물체를 문지르는 횟수, 정전기를 띤 물체와 비눗방울 사이의 거리, 비눗방울의 크기, 비눗방울과 바닥의 마찰, 습도

탐구 방법

정전기를 만드는 물체의 크기, 정전기를 만드는 물체의 재질, 머리카락에 문지르는 횟수, 비눗방울의 크기

탐구 결과

비눗방울이 움직이기 시작할 때 물체와 비눗방울의 거리

구분	비눗방울이 움직이기 시작할 때 물체와 비눗방울의 거리(cm)			
	1회	2회	3회	평균
플라스틱 빨대	4	4	3	3.67
플라스틱 자	6	6	5	5.67
플라스틱 컵	9	9	9	9

탐구 결론

크기가 작은 플라스틱 빨대는 비눗방울에 가까이 해야 움직였지만 크기가 큰 플라스틱 컵은 비눗방울과 멀리 있어도 비눗방울이 움직였다. 물체가 크면 표면적이 넓어서 머리카락에 문지를 때 정전기가 많이 생기고, 물체를 끌어당기는 힘도 커진다.

가설 판단

정전기를 만드는 물체가 클수록 비눗방울이 잘 움직일 것이다. (O)

더 알아보기

1. 탐구 활동 중 생긴 문제점과 해결 방법
   - 문제점: 비눗방울이 움직이기 시작할 때 물체와 비눗방울 사이의 거리를 자로 측정하기 힘들었다.
   - 해결 방법: 넓은 그릇 바닥에 눈금을 그려 놓고 실험했다.
2. 탐구 활동을 한 후 더 알아보고 싶은 점
   정전기를 이용해 물체를 밀어낼 수 있는지 알아보고 싶다.

탐구 3 탐구보고서를 작성해 보자!

먼저 생각해 보기

숟가락과 숟가락을 움직이게 할 물체에 같은 종류의 전기를 띠게 하면 밀어내는 힘(척력)에 의해 밀려나 움직일 것이다.

해설

같은 종류의 전기를 띤 물체 사이에서는 밀어내는 힘(척력)이 생기고, 다른 종류의 전기를 띤 물체 사이에서는 끌어당기는 힘(인력)이 생긴다.

탐구보고서

탐구 주제	정전기로 숟가락을 밀어내 움직이게 하려면 어떻게 해야 할까?
가설 설정	숟가락과 숟가락을 움직이게 할 물체에 같은 종류의 전기를 띠게 하면 밀어내는 힘(척력)에 의해 밀려나 움직일 것이다.

01. 앗! 따가워~ 정전기!

<table>
<tr><td>준비물</td><td colspan="2">플라스틱 숟가락 2개, 동전 3개, 셀로판테이프, 종이</td></tr>
<tr><td rowspan="2">탐구 방법</td><td>조작 변인</td><td>통제 변인</td></tr>
<tr><td>두 물체가 띠는 전기의 종류</td><td>숟가락 크기, 숟가락 무게</td></tr>
<tr><td rowspan="2">탐구 방법
영상 보러가기</td><td colspan="2">활동 사진과 함께 설명을 적으세요.</td></tr>
<tr><td colspan="2">① 플라스틱 숟가락 앞부분에 동전을 붙여 숟가락 볼록한 부분을 바닥에 놓았을 때 손잡이가 세워지는지 확인한다.
② 동전을 붙인 숟가락의 손잡이 부분을 머리카락에 30번 정도 문지른 후 종이 위에 놓는다.
③ 머리카락에 문지르지 않은 다른 플라스틱 숟가락을 종이 위에 놓인 숟가락 손잡이에 가까이 한다.
④ 플라스틱 숟가락을 머리카락에 30번 정도 문지른 후 종이 위에 놓인 숟가락 손잡이에 가까이 한다.
⑤ 손바닥을 펴 종이 위에 놓인 숟가락 손잡이에 가까이 한다.</td></tr>
<tr><td>탐구 결과</td><td colspan="2">바닥에 놓인 플라스틱 숟가락의 변화

구분	바닥에 놓인 플라스틱 숟가락의 변화
머리카락에 문지르지 않은 플라스틱 숟가락을 가까이 할 때	아무 변화가 없다.
머리카락에 문지른 플라스틱 숟가락을 가까이 할 때	밀려나 움직인다.
손바닥을 가까이 할 때	끌려와 움직인다.

</td></tr>
<tr><td>탐구 결론</td><td colspan="2">바닥에 놓인 숟가락은 머리카락에 문질렀으므로 전기를 띠고 있다. 이 숟가락에 머리카락에 문지르지 않은 숟가락을 가까이 하면 아무 변화가 없지만, 머리카락에 문지른 숟가락을 가까이 하면 서로 같은 종류의 전기를 띠므로 밀어내는 힘(척력)에 의해 밀려나 움직인다. 손바닥을 가까이 하면 서로 다른 종류의 전기를 띠므로 끌어당기는 힘(인력)에 의해 끌려와 움직인다.</td></tr>
<tr><td>가설 판단</td><td colspan="2">숟가락과 숟가락을 움직이게 할 물체에 같은 종류의 전기를 띠게 하면 밀어내는 힘(척력)에 의해 밀려나 움직일 것이라는 가설이 옳았다.</td></tr>
</table>

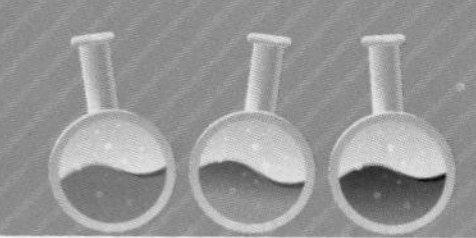

더 알아보기	탐구 활동 중 생긴 문제점	해결 방법
	숟가락과 바닥 사이의 마찰이 커 숟가락이 잘 움직이지 않았다.	매끄러운 종이 위에서 실험했다.
	더 알아보고 싶은 점	
	우리 생활에서 정전기를 이용하는 경우에 대해 알아보고 싶다.	

해설

다른 여러 가지 방법으로 탐구보고서를 작성할 수 있다.

1. 예시답안

- 천연섬유의 옷을 입는다.
- 집안에서는 맨발로 있는다.
- 옷을 벗을 때 양말을 먼저 벗는다.
- 가습기를 켜 습도를 50~60 %로 유지한다.
- 손을 자주 씻고 핸드크림을 발라 손을 촉촉하게 한다.
- 머리를 감은 후 에센스를 바르고 머리를 빗을 때 나무 빗을 사용한다.
- 세탁 후에는 섬유 린스로 헹구거나 정전기 방지 스프레이를 사용한다.
- 스웨터, 니트, 카디건 등 정전기가 잘 생기는 옷은 끝부분에 클립을 끼워둔다.

해설

정전기는 습도가 낮을수록 자주 생긴다. 공기 중의 수분은 전기를 띠는 입자를 없애주므로 습도가 60 % 이상이면 정전기가 생기지 않지만 30 % 이하면 정전기가 많이 생긴다. 손을 물로 씻으면 정전기를 흘려보낼 수 있고 손에 수분을 공급할 수 있다. 물은 (−) 전기를 띤 입자를 끌어당기는 성질이 있어 우리 몸의 정전기를 없애준다. 옷을 벗을 때 양말을 먼저 벗으면 정전기가 바닥으로 흘러나가므로 정전기를 줄일 수 있다. 아크릴 섬유가 많이 사용된 옷은 정전기가 잘 생기는데 옷의 끝부분에 클립을 끼워두면 정전기가 클립을 타고 흘러나간다.

2. 모범답안

사용 전에 털을 여러 번 문지르거나 물체를 비비듯 떨어내면 정전기가 많이 생기므로 먼지를 잘 끌어당겨 제거할 수 있다.

해설

먼지떨이는 물체에 달라붙은 먼지를 바닥으로 떨어내는 것이 아니라 정전기로 먼지를 끌어당겨 제거한다. 먼지떨이는 먼지 흡착에 한계가 있으므로 매일 청소하는 사람들이 먼지를 떨어낼 때 사용해야 효과가 있다. 청소 주기가 긴 경우에 먼지떨이를 사용하면 다량의 먼지가 바닥에 떨어지거나 공기 중에 날리면서 더 지저분해진다.

3. 예시답안

- 정전기 청소포: 정전기를 이용하여 먼지를 끌어당겨 제거한다.
- 랩: 잡아당기면 풀리면서 마찰에 의해 정전기가 생겨 그릇에 잘 달라붙는다.
- 프린터, 복사기: 정전기를 이용하여 토너의 잉크 가루를 종이에 붙여 인쇄한다.
- 마스크와 공기청정기의 정전기 필터, 화력 발전소의 먼지 집진 장치: 정전기를 이용하여 미세먼지를 끌어당겨 제거한다.
- 정전기 메모지: 정전기를 이용해 풀, 자석, 압정 등 어떠한 접착 도구 없이 유리, 금속, 가죽, 종이, 벽돌 등 원하는 곳은 어디에든 붙일 수 있으며 재사용할 수 있다.
- 나노 발전기: 압력을 가하면 정전기가 생기고 정전기를 모아 전기 에너지를 만든다. 스마트 워치 같은 웨어러블 디바이스, 계산기 등 실제 전자기기에 활용할 수 있다.

해설

섬유조직이 무작위로 얽혀 있는 부직포 재질의 정전기 필터는 틈이 작아 일반 마스크가 여과할 수 없는 작은 먼지 입자까지 걸러낼 수 있다. 그러나 0.1~1 μm 크기의 초미세먼지 입자를 거르기 위해 마스크 섬유조직을 더 촘촘하게 하면 숨을 쉬기 어려워지므로 25,000 V 이상의 초고압 전류로 정전기를 입힌 필터를 사용한다. 정전기는 흐르지 않고 멈춰 있는 전기이기 때문에 마스크를 착용해도 전기를 전혀 느낄 수 없다. 마스크가 물에 젖으면 정전기가 완전히 사라지고 섬유조직도 서로 뭉치게 되어 마스크의 기능을 하지 못하게 되므로 하루 정도 사용한 뒤 폐기해야 한다.

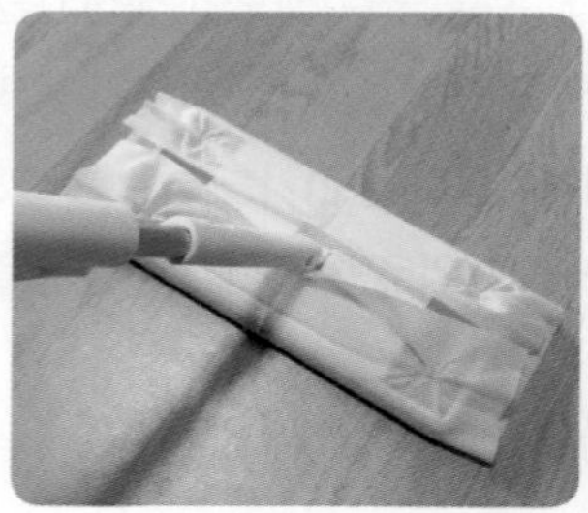
▲ 정전기 청소포

▲ 정전기 메모지

▲ 나노 발전기

02 앗! 저절로 움직여~ 그릇!

1. 모범답안

뜨거운 음식의 열에 의해 비닐 랩 안쪽의 공기의 부피가 증가하기 때문이다.

해설

뜨거운 음식의 열에 의해 비닐 랩 안쪽의 공기가 데워져 부피가 증가하면 기체의 압력이 커져 비닐 랩을 위로 들어 올린다.

2. 모범답안

손의 열에 의해 병 안의 공기가 데워져 부피가 증가하기 때문이다.

해설

차가운 병을 양손으로 감싸면 병 안의 공기가 손의 열에 의해 데워져 부피가 증가하고, 부피가 증가한 공기가 유리병 입구로 나오면서 동전을 밀어내므로 동전이 들썩거리며 움직인다.

탐구 1 과학자가 되어 실험해 볼까?

먼저 생각해 보기

뜨거운 음식의 열에 의해 그릇 바닥의 오목한 공간에 갇힌 공기가 데워지면 부피가 증가하여 그릇을 위로 들어 올린다. 이때 공기가 밖으로 빠져 나오는데 식탁에 물기가 있으면 그릇이 움직인다.

탐구 방법

그릇의 종류, 물의 온도, 그릇에 담는 물의 양, 식탁의 물기, 식탁 표면의 거친 정도

탐구 결과

그릇에 담은 물의 온도에 따른 그릇의 움직임의 변화

온도(℃)	25.4	34.8	53.0	69.3	82.5
그릇의 움직임	변화가 없다.	변화가 없다.	변화가 없다.	그릇 가장자리에서 기포가 생기고 움직인다.	처음에 조금 움직이고 시간이 지난 후 다시 움직인다.

탐구 결론

기체는 온도가 높아지면 입자 사이의 거리가 멀어져 부피가 증가한다. 그릇에 뜨거운 음식을 담은 후 식탁에 놓으면 그릇 바닥의 오목한 공간에 있는 공기가 뜨거운 음식의 열에 의해 데워져 부피가 증가한다. 공기의 부피가 증가하면 압력이 커져 그릇을 들어 올리므로 그릇이 저절로 움직인다.

가설 판단

그릇에 뜨거운 음식을 담으면 그릇 바닥의 오목한 공간에 있는 공기의 부피가 증가하기 때문에 그릇이 저절로 움직일 것이다. (O)

더 알아보기

1. 탐구 활동 중 생긴 문제점과 해결 방법
   - 문제점: 그릇에 물을 많이 담았더니 무거워 잘 움직이지 않았다.
   - 해결 방법: 그릇의 절반 정도만 물을 담았다.
2. 탐구 활동을 한 후 더 알아보고 싶은 점

   기체에 열을 가하면 부피가 증가하는데 가열하지 않고도 부피를 증가시킬 수 있는 방법이 있는지 알아보고 싶다.

탐구 2 다르게 실험해 봐요!

먼저 생각해 보기

그릇에 담긴 음식의 온도, 식탁의 물기, 식탁 표면의 거친 정도

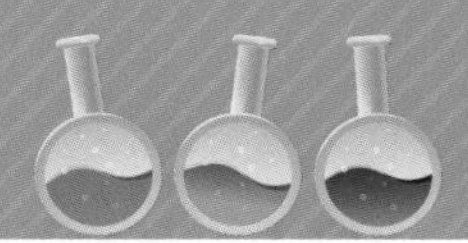

탐구 방법

1. 식탁의 물기와 그릇의 움직임 알아보기

그릇의 종류, 물의 온도, 그릇에 담는 물의 양, 식탁의 물기, 표면의 거친 정도

2. 표면의 거친 정도와 그릇의 움직임 알아보기

그릇의 종류, 물의 온도, 그릇에 담는 물의 양, 식탁의 물기, 표면의 거친 정도

탐구 결과

1. 식탁의 물기와 그릇의 움직임

식탁의 물기	마른 식탁	물기가 있는 식탁
그릇의 움직임	변화가 없다.	잘 움직인다.

2. 표면의 거친 정도와 그릇의 움직임

표면의 거친 정도	매끄러운 식탁	나무 바닥	코팅된 책상
그릇의 움직임	잘 움직인다.	변화가 없다.	잘 움직인다.

탐구 결론

1. 식탁 표면에 물기가 없으면 그릇 바닥의 오목한 공간에 있는 공기의 부피가 증가하여 그릇을 들어 올려도 그릇과 식탁 사이의 마찰이 커서 그릇이 움직이지 않는다. 식탁 표면에 물기가 있으면 물이 그릇과 식탁 사이의 마찰을 줄여주므로 그릇이 미끄러지듯이 잘 움직인다.
2. 표면이 거칠면 물기가 있어도 그릇과 표면 사이의 마찰이 커서 그릇이 움직이지 않는다.

가설 판단

식탁에 물기가 많고 표면이 매끄러울 때 뜨거운 음식이 담긴 그릇이 저절로 잘 움직일 것이다. (O)

더 알아보기

1. 탐구 활동 중 생긴 문제점과 해결 방법
   - 문제점: 식탁에 물기가 적어 그릇이 잘 움직이지 않았다.
   - 해결 방법: 식탁에 물기를 더 많이 묻히고 그릇에 뜨거운 물을 절반 정도 넣은 후 실험했다.
2. 탐구 활동을 한 후 더 알아보고 싶은 점

   그릇에 뜨거운 음식을 담아도 움직이지 않도록 하는 방법을 알아보고 싶다.

탐구 3 탐구보고서를 작성해 보자!

먼저 생각해 보기

병 안의 공기의 온도 변화, 병의 크기, 동전의 무게, 동전의 크기, 동전과 병 입구의 밀폐 정도

탐구보고서

탐구 주제	병 위에 올린 동전을 많이 들썩이게 하려면 어떻게 해야 할까?
가설 설정	병 안의 공기의 온도 변화를 크게 하면 동전이 많이 들썩일 것이다.
준비물	동전, 유리병, 뜨거운 물, 차가운 물, 그릇

조작 변인	통제 변인
병의 온도 변화	동전의 종류, 병의 크기

탐구 방법 (영상 보러가기)

활동 사진과 함께 설명을 적으세요.

① 실온에 둔 병 입구에 물을 묻힌 동전을 올리고 병을 양손으로 감싼다.
② 실온에 둔 병 입구에 물을 묻힌 동전을 올리고 뜨거운 물에 넣는다.
③ 병을 차가운 물로 한 번 헹군 후 병 입구에 물을 묻힌 동전을 올리고 양손으로 감싼다.
④ 병을 차가운 물로 한 번 헹군 후 병 입구에 물을 묻힌 동전을 올리고 뜨거운 물에 넣는다.

탐구 결과

온도 변화와 동전의 움직임

온도 변화	실온 → 손	실온 → 뜨거운 물	차가운 물 → 손	차가운 물 → 뜨거운 물
동전의 움직임	변화가 없다.	연속해서 들썩이고 시간이 지나면 한 번씩 들썩인다.	변화가 없다.	연속해서 여러 번 오랫동안 들썩인다.

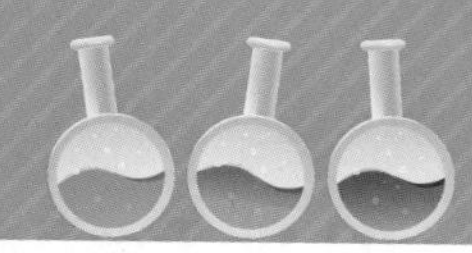

<table>
<tr><td>탐구 결론</td><td colspan="2">병 안의 공기의 온도 변화가 클수록 공기의 부피가 많이 증가하므로 동전이 빠르게 여러 번 들썩인다.</td></tr>
<tr><td>가설 판단</td><td colspan="2">병 안의 공기의 온도 변화를 크게 하면 동전이 많이 들썩일 것이라는 가설이 옳았다.</td></tr>
<tr><td rowspan="6">더 알아보기</td><td>탐구 활동 중 생긴 문제점</td><td>해결 방법</td></tr>
<tr><td>유리병은 열이 전달되는 데 시간이 오래 걸려 결과가 잘 나타나지 않았다.</td><td>열이 잘 전달되는 페트병을 사용했다.</td></tr>
<tr><td>생수병은 뜨거운 물에 담그면 찌그러졌다.</td><td>잘 찌그러지지 않는 단단한 재질의 페트병을 사용했다.</td></tr>
<tr><td>페트병은 손으로 누르면 쉽게 찌그러져 병의 부피가 변했다.</td><td>병을 누르지 않고 양손으로 살짝 감싸쥐어 부피가 변하지 않게 했다.</td></tr>
<tr><td colspan="2">더 알아보고 싶은 점</td></tr>
<tr><td colspan="2">우리 생활에서 온도에 따른 기체의 부피 변화를 이용하는 경우에 대해 알아보고 싶다.</td></tr>
</table>

해설

다른 여러 가지 방법으로 탐구보고서를 작성할 수 있다.

1. 예시답안

- 그릇 바닥에 홈을 만들어 공기가 빠져나가도록 한다.
- 식탁에 화장지를 놓고 그 위에 그릇을 놓는다.
- 식탁에 물기가 없도록 깨끗하게 닦는다.
- 마찰이 큰 천으로 된 식탁보를 깐다.
- 마찰이 큰 재질의 식탁을 사용한다.

해설

그릇 바닥에 홈을 만들면 팽창한 공기가 빠져나가므로 그릇이 저절로 움직이지 않는다. 식탁에 화장지를 놓고 그 위에 그릇을 놓으면 화장지 섬유 사이에 빈 공간이 많아 그릇 바닥에 공기가 갇히지 않는다. 또한, 그릇과 화장지 사이의 마찰이 커서 그릇이 움직이지 않는다.

2. 모범답안

둥근 부분에 있는 공기의 부피가 증가하여 물을 밀어내므로 물의 높이가 낮아진다.

해설

관이 달린 둥근 모양의 그릇을 양손으로 감싸 따뜻하게 만들면 그릇 안의 공기 입자 사이의 간격이 넓어져 부피가 증가한다. 둥근 부분이 위를 향하도록 물속에 거꾸로 세워 두면 공기의 부피가 감소해 물이 관을 따라 올라간다. 온도가 높아지면 둥근 부분에 있는 공기의 부피가 증가하여 물을 밀어내므로 물의 높이가 내려간다. 또, 온도가 낮아지면 둥근 부분에 있는 공기의 부피가 감소하여 물의 높이가 높아진다. 갈릴레이 온도계는 압력에 따라 공기의 부피가 증가하고 감소하는 정도가 다르므로 장소마다 온도가 다르게 측정되어 정확한 온도를 잴 수 없었다. 이후 많은 과학자들이 공기의 압력에 영향을 받지 않는 정확한 온도계를 만들기 위해 노력했고, 1714년 파렌하이트가 유리관 속을 진공으로 만들어 공기의 압력에 영향을 받지 않는 온도계를 만들었다. 파렌하이트가 만든 온도계는 물의 어는점을 32 ℉, 끓는점을 211 ℉로 정한 화씨온도계이다. 오늘날 전 세계 사람들이 주로 사용하는 온도계는 셀시우스가 만든 것으로, 물의 어는점을 0 ℃, 끓는점을 100 ℃로 정한 섭씨온도계이다.

3. 예시답안

- 열기구: 불을 켜 가열하면 풍선 안의 기체의 부피가 증가해 밀도가 작아지면서 위로 올라간다.
- 여름철 타이어 공기압: 여름철에는 타이어 안의 공기의 부피가 증가해 압력이 높아지므로 겨울철보다 타이어에 공기를 적게 넣는다.
- 포개진 그릇: 뜨거운 물에 포개진 그릇을 담그면 그릇 사이에 갇힌 기체의 부피가 증가해 위쪽의 그릇을 밀어내므로 그릇을 뺄 수 있다.
- 찌그러진 탁구공: 찌그러진 탁구공을 뜨거운 물에 넣으면 탁구공 안의 기체의 부피가 증가해 탁구공의 표면을 밀어내므로 찌그러진 부분이 펴진다.
- 오줌싸개 인형: 인형을 뜨거운 물에 넣으면 인형 안의 기체의 부피가 증가해 밖으로 나오고, 차가운 물에 넣으면 인형 안의 기체의 부피가 감소해 물이 들어간다. 이 상태에서 뜨거운 물을 부으면 인형 안의 기체의 부피가 증가해 물을 밀어내므로 인형이 오줌을 싸는 것처럼 보인다.

▲ 찌그러진 탁구공 펴기

▲ 오줌싸개 인형

03 앗! 저절로 찌그러져~ 생수병!

개념탐구

1. 모범답안

풍선 안의 공기의 온도가 낮아져 부피가 감소하므로 풍선이 순식간에 비닐처럼 쪼그라든다.

해설

액체 질소는 −196 ℃로, 실온보다 온도가 매우 낮다. 풍선을 액체 질소에 넣으면 풍선 안의 공기의 온도가 순식간에 낮아져 부피가 급격히 감소한다.

2. 모범답안

풍선이 점점 작아지다가 병 안으로 들어간다.

해설

뜨거운 물로 헹군 병에 풍선을 씌우고 찬물에 담그면 페트병 안의 공기의 온도가 낮아져 부피가 감소하고, 감소한 부피만큼 페트병 밖의 공기가 페트병 안으로 들어가려고 하면서 풍선을 병 안으로 밀어 넣는다.

실험탐구 탐구 1 과학자가 되어 실험해 볼까?

먼저 생각해 보기

생수병 안의 공기의 온도가 낮아져 부피가 감소하기 때문이다.

탐구 방법

생수병의 크기, 생수병의 재질, 생수병 안에 넣는 물의 온도, 생수병 안에 넣는 물의 양,
생수병을 담그는 물의 온도, 생수병을 물에 담그는 정도, 생수병을 물에 담그는 시간

★TIP★ 생수병을 따뜻한 물로 헹궈 생수병 안의 공기의 온도가 여름철 기온과 비슷하도록 맞춘다. 기온이 높을수록, 물의 양이 적을수록 생수병의 변화가 잘 나타난다.

03. 앗! 저절로 찌그러져~ 생수병!

탐구 결과

생수병을 담그는 물의 온도와 생수병 모양의 변화

물의 온도	얼음물, 5 ℃	실온의 물, 27 ℃	따뜻한 물, 44 ℃
생수병 모양의 변화	병이 차가워지고 찌그러진다.	변화가 없다.	병이 따뜻해지고 시간이 지날수록 빵빵해지며 단단해진다.

탐구 결론

따뜻한 물로 헹궈 병 안의 공기의 온도가 높아진 생수병의 뚜껑을 꽉 닫아 밀폐시킨 후 얼음물에 담그면 병 안의 공기의 온도가 낮아져 부피가 감소한다. 생수병 안의 공기의 부피가 감소하면 압력이 작아지고, 대기압(외부 기압)이 생수병 안의 기압보다 커 병을 누르므로 생수병이 저절로 찌그러진다. 실온의 물에 담갔을 때는 공기의 부피 변화가 없으므로 아무런 변화가 없고, 따뜻한 물에 담갔을 때는 공기의 부피가 증가하여 압력이 커지므로 생수병이 빵빵해지고 단단해진다.

가설 판단

생수병 안의 공기의 부피가 감소하기 때문에 생수병이 저절로 찌그러질 것이다. (O)

더 알아보기

1. 탐구 활동 중 생긴 문제점과 해결 방법
   - 문제점 ①: 생수병을 차가운 물에 담갔더니 큰 변화가 없었다.
   - 해결 방법 ①: 냉장고 냉장실 온도와 비슷한 2 ℃로 맞추기 위해 얼음물을 사용했다.
   - 문제점 ②: 생수병에 실온의 물을 넣고 실험했더니 큰 변화가 없었다.
   - 해결 방법 ②: 무더운 여름철 기온과 비슷하게 맞추기 위해 생수병을 따뜻한 물로 헹구고 따뜻한 물을 넣었다.
2. 탐구 활동을 한 후 더 알아보고 싶은 점
   - 냉장고 안에서 생수병이 잘 찌그러지는 경우는 언제인지 알아보고 싶다.
   - 기체를 차갑게 하면 부피가 감소하는데 차갑게 하지 않고 부피를 감소시킬 수 있는 방법이 있는지 알아보고 싶다.

탐구 2 다르게 실험해 봐요!

먼저 생각해 보기

생수병의 처음 온도, 냉장고 안의 온도, 생수병 안에 넣는 물과 공기의 양, 생수병의 크기, 생수병의 재질

탐구 방법

생수병의 크기, 생수병의 재질, 생수병 안에 넣는 물의 온도, 생수병 안에 넣는 물의 양,
생수병을 담그는 물의 온도, 생수병을 물에 담그는 정도, 생수병을 물에 담그는 시간

탐구 결과

생수병 안의 공기의 양과 생수병 모양의 변화

물의 양(L)	0.2	1	2
생수병 모양의 변화	많이 찌그러진다.	아주 조금 찌그러진다.	변화가 없다.

탐구 결론

생수병에 물을 조금 넣으면 병 안의 공기의 부피가 크다. 생수병을 얼음물에 넣었을 때 생수병 안의 공기의 부피가 클수록 공기의 부피가 많이 줄어들어 압력이 작아지므로 생수병이 저절로 잘 찌그러진다. 물을 가득 넣은 생수병은 병 안의 공기의 부피가 작아 얼음물에 넣어도 공기의 부피 변화가 없으므로 잘 찌그러지지 않는다.

가설 판단

생수병 안에 공기의 양이 많을수록 생수병이 저절로 잘 찌그러질 것이다. (O)

더 알아보기

1. 탐구 활동 중 생긴 문제점과 해결 방법
   - 문제점: 실험할 때 실내 온도가 25 ℃로 낮아 얼음물에 담그기 전에 생수병이 조금 찌그러졌다.
   - 해결 방법: 처음 3개의 생수병에 같은 온도의 따뜻한 물을 담고 뚜껑을 바로 닫아서 생수병 안에 있는 공기 입자의 개수는 변하지 않았으므로 찌그러진 생수병 그대로 실험을 진행했다.
2. 탐구 활동을 한 후 더 알아보고 싶은 점
   - 생수병의 크기에 따라 생수병이 찌그러지는 정도가 달라지는지 알아보고 싶다.
   - 물이 아닌 음료수가 들어 있는 병을 냉장고에 넣으면 어떻게 되는지 알아보고 싶다.
   - 여름철 냉장고 안에서 생수병이 저절로 찌그러지지 않게 하는 방법을 알아보고 싶다.

탐구 3 탐구보고서를 작성해 보자!

먼저 생각해 보기

병의 온도 변화, 병의 크기, 병의 재질, 풍선의 탄성

탐구보고서

<table>
<tr><td>탐구 주제</td><td colspan="2">풍선이 병 안으로 들어가 커지게 하려면 어떻게 해야 할까?</td></tr>
<tr><td>가설 설정</td><td colspan="2">병이 클수록 병 안으로 들어간 풍선이 크게 팽창할 것이다.</td></tr>
<tr><td>준비물</td><td colspan="2">큰 페트병, 작은 페트병, 풍선 2개, 얼음물, 뜨거운 물</td></tr>
<tr><td rowspan="5">탐구 방법
영상 보러가기</td><td>조작 변인</td><td>통제 변인</td></tr>
<tr><td>병의 크기</td><td>병의 재질, 풍선의 탄성, 병의 온도 변화,
병을 얼음물에 담그는 시간</td></tr>
<tr><td colspan="2">활동 사진과 함께 설명을 적으세요.</td></tr>
<tr><td colspan="2">① 풍선을 두 번 크게 불어 늘린다.
② 작은 페트병을 뜨거운 물로 헹군 후 공기를 뺀 풍선을 씌운다.
③ 큰 페트병을 뜨거운 물로 헹군 후 공기를 뺀 풍선을 씌운다.
④ 두 페트병을 얼음물에 담근다.</td></tr>
<tr><td colspan="2"> 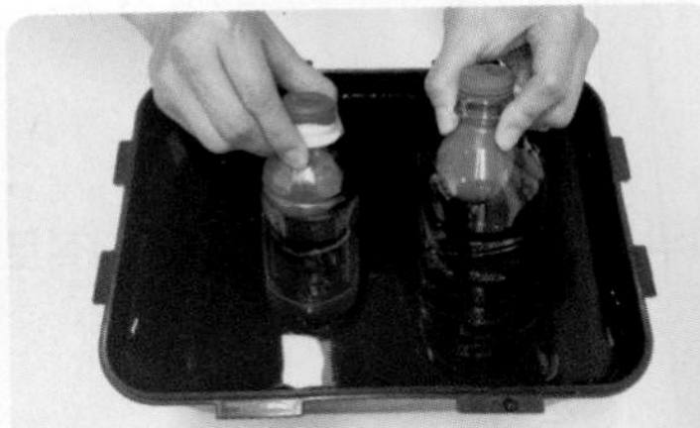</td></tr>
<tr><td>탐구 결과</td><td colspan="2">페트병의 크기와 풍선의 변화
<table><tr><td>구분</td><td>작은 페트병, 200 mL</td><td>큰 페트병, 500 mL</td></tr><tr><td>풍선의 변화</td><td>풍선이 병 안으로 천천히 들어가고 팽팽해질 때까지 크게 부풀지 않는다.</td><td>풍선이 병 안으로 빨리 들어가고 팽팽하게 늘어나 크게 부푼다.</td></tr></table></td></tr>
</table>

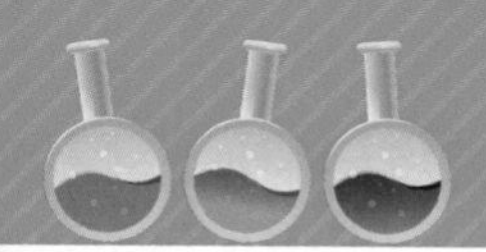

<table>
<tr><td>탐구 결론</td><td colspan="2">병이 클수록 공기의 부피가 크므로 얼음물에 넣었을 때 공기의 부피는 크게 줄어든다. 부피가 줄면 압력이 낮아지므로 풍선이 병 안으로 빠르게 빨려 들어가고 크게 팽창한다.</td></tr>
<tr><td>가설 판단</td><td colspan="2">병이 클수록 병 안으로 들어간 풍선이 크게 팽창할 것이라는 가설이 옳았다.</td></tr>
<tr><td rowspan="6">더 알아보기</td><td>탐구 활동 중 생긴 문제점</td><td>해결 방법</td></tr>
<tr><td>생수병의 재질이 단단하지 못하여 쉽게 찌그러지므로 풍선이 잘 부풀지 않았다.</td><td>생수병보다 단단한 재질의 페트병을 사용했다.</td></tr>
<tr><td>새 풍선을 사용했더니 탄성이 커서 풍선이 잘 부풀지 않았다.</td><td>페트병에 씌우기 전에 풍선을 두세 번 크게 불어 탄성을 줄였다.</td></tr>
<tr><td>실온의 페트병에 풍선을 씌운 후 얼음물에 담갔더니 풍선의 변화가 크지 않았다.</td><td>병 안의 공기의 온도 변화를 크게 하기 위해 병을 뜨거운 물로 헹궈 병 안의 공기의 온도를 높였다.</td></tr>
<tr><td colspan="2">더 알아보고 싶은 점</td></tr>
<tr><td colspan="2">• 페트병 대신 플라스틱 병이나 유리병을 사용할 때 풍선의 변화를 알아보고 싶다.
• 우리 주변에서 온도를 낮춰 공기의 부피를 줄어들게 하는 경우를 알아보고 싶다.</td></tr>
</table>

해설

다른 여러 가지 방법으로 탐구보고서를 작성할 수 있다.

1. 예시답안

뚜껑을 살짝 열어둔다.

해설

뚜껑을 꽉 닫지 않으면 생수병 안의 공기의 온도가 낮아져 부피가 감소하고, 감소한 부피만큼 생수병 밖의 공기가 생수병 안으로 들어오게 되므로 기체의 압력 변화가 생기지 않아 생수병이 찌그러지지 않는다.

2. 예시답안

- 병 안에 끓는 물을 넣고 입구에 삶은 달걀을 올린다.
- 병 안에 불을 붙인 종이를 넣고 불이 꺼지기 전에 입구에 삶은 달걀을 올린다.

해설

병 안에 끓는 물을 넣거나 불을 붙인 종이를 넣고 입구에 달걀을 올리면 병 안의 공기의 온도가 높아지고 부피가 증가해 공기가 빠져나간다. 물이 식거나 불이 꺼져 병 안의 공기의 온도가 낮아지면 부피가 줄어들어서 압력이 낮아지므로 달걀이 병 안으로 들어간다. 병 안의 온도 차이가 커서 부피의 변화가 클수록 삶은 달걀이 병 안으로 잘 들어간다.

3. 예시답안

- 열기구: 불을 꺼 가열을 멈추면 풍선 안의 기체의 부피가 감소해 밀도가 커지면서 아래로 내려온다.
- 겨울철 타이어 공기압: 겨울철에는 타이어 안의 기체의 부피가 감소해 압력이 낮아지므로 여름철보다 타이어 안에 기체를 많이 넣는다.
- 컵에 풍선 붙이기: 컵을 뜨거운 물로 헹군 후, 크게 분 풍선에 컵을 올려 공기가 통하지 않게 누르고 있다가 컵을 들어올리면 풍선이 컵에 붙어 올라온다. 컵 안의 공기는 온도가 낮아지면 부피가 줄어들면서 압력이 낮아지므로 풍선이 컵으로 빨려 들어가 풍선이 컵에 붙는다.
- 물을 빨아들이는 컵: 물이 담긴 접시에 초를 놓고 초에 불을 붙인 후 컵으로 덮으면 물이 컵 안으로 빨려 들어온다. 촛불에 의해 공기가 가열되면 부피가 증가하므로 공기는 컵 밖으로 빠져나가고, 촛불이 꺼져 공기의 온도가 낮아지면 부피가 줄어들어 압력이 낮아지므로 물이 컵 안으로 들어온다.
- 오줌싸개 인형: 인형을 뜨거운 물에 넣으면 인형 안의 기체의 부피는 증가하므로 공기가 밖으로 나오고, 찬 물에 넣으면 인형 안의 기체의 부피는 감소하므로 물이 들어간다. 이 상태에서 인형 머리에 뜨거운 물을 부으면 인형 안의 기체의 부피가 증가해 물을 밀어내므로 인형이 오줌을 싸는 것처럼 보인다.

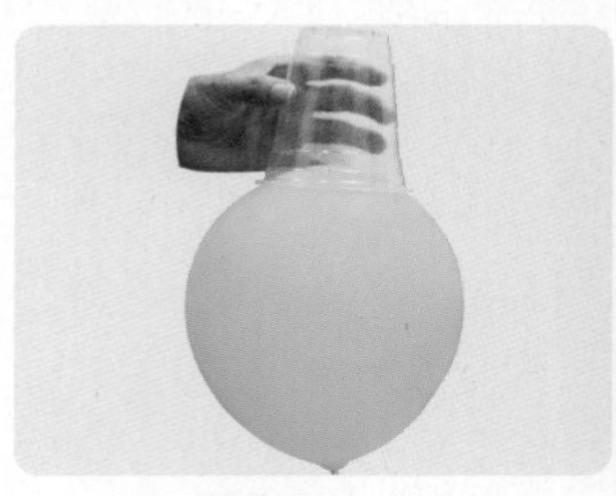
▲ 컵에 풍선 붙이기

▲ 오줌싸개 인형

04 앗! 안 열려~ 밀폐 용기 뚜껑!

개념탐구

1. 모범답안

안경에 뿌옇게 김이 서린다.

해설

뜨거운 음식의 수증기가 차가운 안경에 닿으면 액화되면서 작은 물방울이 맺혀 뿌옇게 김이 서린다. 사람 눈의 각막은 표면에 형성된 눈물막과 체온으로 항상 일정한 습도와 온도를 유지하므로 기온, 습도, 뜨거운 음식 등과 같은 외부 환경에 영향받지 않고 항상 맑게 볼 수 있다.

2. 모범답안

음료수를 마실수록 종이팩이 점점 찌그러진다.

해설

대기압은 공기의 무게에 의해 생기는 대기의 압력이다. 공기 입자는 사방으로 움직이므로 대기압은 모든 방향으로 작용한다. 따라서 종이팩 음료수에 빨대를 꽂아 음료수를 마시면 공기가 모든 방향에서 종이팩을 누르므로 종이팩이 모든 방향으로 찌그러진다.

실험탐구 탐구 1 과학자가 되어 실험해 볼까?

먼저 생각해 보기

뜨거운 음식을 넣은 밀폐 용기가 뚜껑이 닫힌 상태로 식으면 용기 안의 수증기가 물로 액화되어 압력이 낮아지기 때문이다.

탐구 방법

밀폐 용기의 크기, 밀폐 용기의 재질, 밀폐 용기 안의 물질, 밀폐 용기의 무게,
밀폐 용기를 담그는 물의 온도, 밀폐 용기를 차가운 물에 담그는 정도, 밀폐 용기를 차가운 물에 담그는 시간

탐구 결과

밀폐 용기 안의 물질과 뚜껑의 변화

용기 안의 물질	뜨거운 물(수증기), 74 ℃	뜨거운 공기, 73 ℃
뚜껑의 변화	뚜껑이 안쪽으로 들어가고, 뚜껑 날개를 열고 들어올리면 용기가 함께 붙어 올라온다. 힘을 주어 잡아당겨도 뚜껑이 열리지 않는다.	뚜껑이 거의 평평하고, 뚜껑 날개를 열고 들어올리면 용기가 함께 붙어 올라온다. 힘을 주어 잡아당기면 뚜껑이 쉽게 열린다.

탐구 결론

뜨거운 물로 헹군 밀폐 용기는 안쪽에 수증기가 많고, 식으면 수증기가 물로 액화되므로 기체의 부피가 급격히 감소해 압력이 많이 낮아진다. 밀폐 용기 안의 기압보다 큰 대기압(외부 기압)이 뚜껑을 누르고 있으므로 뚜껑이 열리지 않는다. 그러나 뜨거운 공기가 있는 밀폐 용기는 식어도 기체의 부피가 많이 감소하지 않으므로 압력이 많이 낮아지지 않아 힘을 주어 잡아당기면 뚜껑이 쉽게 열린다.

가설 판단

용기 안의 수증기가 물로 액화되어 압력이 낮아지기 때문에 뚜껑이 열리지 않을 것이다. (O)

더 알아보기

1. 탐구 활동 중 생긴 문제점과 해결 방법
   - 문제점: 밀폐 용기 안에 물이 있으니 무거워서 뚜껑 날개를 들어올렸을 때 뚜껑이 잘 열렸다.
   - 해결 방법: 물을 모두 버리고 실험했다.
2. 탐구 활동을 한 후 더 알아보고 싶은 점
   기체를 차갑게 하면 액체가 되는데 차갑게 하지 않고도 액체로 만드는 방법이 있는지 알아보고 싶다.

탐구 2 다르게 실험해 봐요!

먼저 생각해 보기

용기 안의 수증기의 양, 용기의 밀폐 정도, 용기의 온도 변화

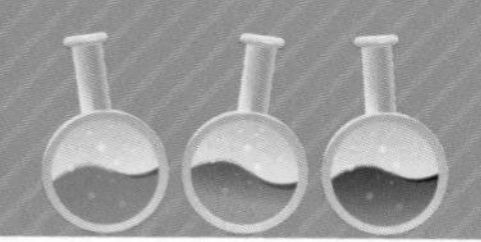

탐구 방법

밀폐 용기의 크기, 밀폐 용기의 재질, 밀폐 용기를 헹군 물의 온도, 밀폐 용기의 무게,
밀폐 용기를 담그는 물의 온도, 밀폐 용기를 차가운 물에 담그는 정도, 밀폐 용기를 차가운 물에 담그는 시간

탐구 결과

밀폐 용기를 헹구는 물의 온도와 뚜껑의 변화

물의 온도	차가운 물, 8 ℃	따뜻한 물, 44 ℃	뜨거운 물, 87 ℃
뚜껑의 변화	잘 열린다.	뚜껑 날개를 열고 들어올리면 용기가 함께 붙어 올라오지만 힘을 주어 잡아당기면 쉽게 열린다.	뚜껑 날개를 열고 들어올리면 용기가 함께 붙어 올라와 힘을 주어 잡아당겨도 뚜껑이 열리지 않는다.

탐구 결론

뜨거운 물로 헹군 밀폐 용기는 용기 안쪽에 수증기가 매우 많아 식으면 물로 많이 액화되므로 기체의 부피가 급격히 감소해 압력이 크게 낮아진다. 이때 밀폐 용기 안의 기압보다 큰 대기압(외부 기압)이 뚜껑을 누르고 있으므로 뚜껑이 열리지 않는다. 그러나 따뜻한 물과 차가운 물로 헹군 밀폐 용기는 수증기 양이 적어 식어도 액화되는 정도가 적다. 따라서 기체의 부피 변화가 작고 압력 변화가 거의 없으므로 뚜껑이 잘 열린다.

가설 판단

용기 안에 수증기의 양이 많을수록 밀폐 용기 뚜껑이 잘 열리지 않을 것이다. (O)

더 알아보기

1. 탐구 활동 중 생긴 문제점과 해결 방법
   - 문제점: 끓는 물을 용기에 부으니 물의 온도가 낮아졌다.
   - 해결 방법: 전자레인지로 가열하여 물을 더 뜨겁게 하여 실험했다.
2. 탐구 활동을 한 후 더 알아보고 싶은 점
   - 밀폐 용기의 크기에 따라 뚜껑이 열리지 않는 정도가 달라지는지 알아보고 싶다.
   - 안으로 쑥 들어간 밀폐 용기 뚜껑을 쉽게 열 수 있는 방법을 알아보고 싶다.

탐구 3 탐구보고서를 작성해 보자!

먼저 생각해 보기

대기압이 종이를 밀어올리고 있기 때문이다.

해설

물이 든 컵 입구를 종이로 막은 후 뒤집으면 물의 무게 때문에 종이가 살짝 아래로 내려오면서 컵 안 공기의 부피가 늘어나고 기압은 낮아진다. 대기압(외부 기압)이 컵 내부의 기압보다 커 종이를 밀어올려주므로 물이 쏟아지지 않는다. 컵 안과 밖의 기압 차가 아주 조금이라도 생기면 물은 쏟아지지 않고, 이때 종이는 물의 표면 장력에 의해 살짝 아래로 내려온 상태로 떨어지지 않고 붙어 있다. (표면 장력+대기압)=(컵 안 기압+수압+종이 무게)인 곳에서 힘은 평형을 이룬다.

탐구보고서

<table>
<tr><td>탐구 주제</td><td colspan="2">물이 든 컵의 입구를 종이로 막고 뒤집어도 물이 쏟아지지 않는 이유는 무엇일까?</td></tr>
<tr><td>가설 설정</td><td colspan="2">병 안의 압력이 대기압보다 낮아지면 물이 쏟아지지 않을 것이다.</td></tr>
<tr><td>준비물</td><td colspan="2">스마트폰이 들어가는 투명하고 단단한 병, 스마트폰 기압계, 물, 방수팩, 일회용 접시</td></tr>
<tr><td rowspan="4">탐구 방법
영상 보러가기</td><td>조작 변인</td><td>통제 변인</td></tr>
<tr><td>물의 양</td><td>병의 크기, 물의 온도, 실험하는 장소</td></tr>
<tr><td colspan="2">활동 사진과 함께 설명을 적으세요.</td></tr>
<tr><td colspan="2">① 스마트폰에 기압계 앱을 다운로드한 후 실행한다.
② 스마트폰을 방수팩에 넣는다.
③ 물을 조금 넣은 병에 기압계 앱을 실행시킨 스마트폰을 넣고 병 입구를 접시로 덮은 후 뒤집어 기압을 측정한다.
④ 접시를 잡고 있는 손을 놓은 후 기압을 측정한다.
⑤ 물을 절반 정도 넣은 병에 기압계 앱을 실행시킨 스마트폰을 넣고 병 입구를 접시로 덮은 후 뒤집어 기압을 측정한다.
⑥ 접시를 잡고 있는 손을 놓은 후 기압을 측정한다.
⑦ 물을 가득 넣은 병에 기압계 앱을 실행시킨 스마트폰을 넣고 병 입구를 접시로 덮은 후 뒤집어 기압을 측정한다.
⑧ 접시를 잡고 있는 손을 놓은 후 기압을 측정한다.</td></tr>
</table>

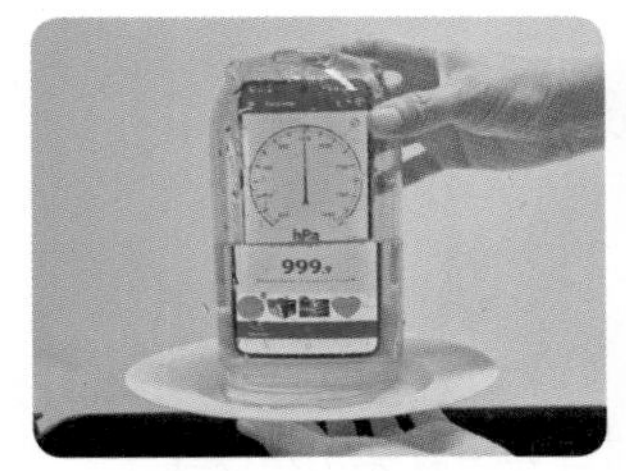 

탐구 결과

물의 양에 따른 병 안의 기압의 변화

구분	물을 조금 넣었을 때		물을 절반 정도 넣었을 때		물을 가득 넣었을 때	
	처음	뒤집었을 때	처음	뒤집었을 때	처음	뒤집었을 때
기압(hPa)	999	995	1000	991	1004	986
기압 차(hPa)	−4		−9		−18	

탐구 결론

물이 든 병의 입구를 접시로 막고 뒤집으면 물이 아래로 내려와 부피가 조금 늘어나면서 병 안의 기압이 약간 낮아진다. 대기압(외부 기압)이 병 안의 기압보다 커 접시를 위로 밀어 올리므로 물이 쏟아지지 않는다. 병 안의 물이 많을수록 뒤집었을 때 기압이 많이 낮아진다.

가설 판단

병 안의 압력이 대기압보다 낮아지면 물이 쏟아지지 않을 것이라는 가설이 옳았다.

더 알아보기

탐구 활동 중 생긴 문제점	해결 방법
스마트폰이 들어갈 수 있는 큰 유리병이 없어 플라스틱 병으로 실험을 했더니 병을 뒤집은 후 잡고 있을 때 병이 눌려 찌그러지면서 접시가 떨어지고 물이 쏟아졌다.	플라스틱 병을 뒤집은 후 잡고 있을 때 최대한 손에 힘을 빼 병이 눌려 찌그러지지 않도록 했다.

더 알아보고 싶은 점

- 병 입구를 스티로폼 접시 대신 잘 휘어지는 실리콘 뚜껑으로 막은 후 뒤집으면 어떻게 될지 알아보고 싶다.
- 매우 긴 병에 물을 채워 수압이 큰 경우 입구를 접시로 막고 뒤집으면 어떻게 될지 알아보고 싶다.
- 뒤집은 상태에서 공기를 가열해 기압을 높이면 어떻게 될지 알아보고 싶다.
- 우리 주변에서 기압을 낮추거나 높여 활용하는 경우를 알아보고 싶다.

해설

다른 여러 가지 방법으로 탐구보고서를 작성할 수 있다.

1. 예시답안

- 뚜껑 위에 뜨거운 물을 부어 용기 안의 기체의 부피를 증가시킨다.
- 전자레인지에 넣고 가열하여 용기 안의 기체의 부피를 증가시킨다.
- 포크나 젓가락 등 날카로운 도구로 입구를 비틀거나 고무 패킹을 눌러 틈을 만들어 공기가 들어가도록 한다.

해설

밀폐 용기를 가열하면 용기 안의 기체 부피가 증가하고, 기체의 압력이 점점 커져 대기압과 비슷해지면 뚜껑을 열 수 있다.

2. 모범답안

빨대를 액체에 담근 상태에서 손가락으로 위쪽 구멍을 막고 꺼내어 옮긴 후 막고 있던 손가락을 뗀다.

해설

빨대를 액체에 담근 상태에서 손가락으로 위쪽 구멍을 막고 빨대를 들어올리면 빨대 안의 액체가 약간 아래로 내려가면서 빨대 안의 공기의 부피가 증가해 압력이 낮아진다. 대기압(외부 압력)이 빨대 안의 압력보다 커 빨대 아래쪽을 받쳐주므로 빨대 안의 액체가 흘러내리지 않는다. 막고 있던 손가락을 떼면 빨대 안의 기압과 대기압이 같아지고, 액체의 무게로 인해 흘러내린다.

3. 예시답안

- 진공 압축팩: 포장 비닐 안의 공기를 빼 압력을 낮춰 이불의 부피를 줄인다.
- 감압 증류 장치: 진공 펌프로 압력을 낮춰 액체를 낮은 온도에서 끓여 분리한다.
- 음압 병실: 병실 내부의 기압을 낮춰 병실 안의 공기가 밖으로 나가지 않도록 한다.
- 보온병: 이중벽 사이에 있는 기체를 빼 진공 상태로 만들어 열의 이동을 막아 온도를 일정하게 유지한다.
- 흡착판(큐방): 흡착판을 누르면서 붙이면 흡착판과 벽 사이의 공기가 빠지면서 압력이 낮아진다. 대기압(외부 기압)이 흡착판과 벽 사이의 공기의 압력보다 커 흡착판을 눌러주므로 흡착판이 벽에 잘 붙는다.
- 탄산음료: 기압을 높여 음료수에 이산화 탄소를 녹인다.
- 수소 저장 장치: 압력을 높여 기체 상태의 수소를 액체 상태로 만들어 저장한다.
- 압력 밥솥: 기압을 높여 물을 100 ℃ 보다 높은 온도에서 끓게 하여 밥을 더 빨리 맛있게 한다.
- 물총: 물통에 물을 채우고 피스톤을 앞뒤로 당겨 공기를 채워 기압을 높인 후 방아쇠를 누르면 물줄기가 발사된다.
- 고압 증기 멸균: 기압을 2기압으로 높여 물을 120 ℃에서 끓게 해 세균을 죽인다. 주사기, 수술용 기구 등의 멸균에 사용한다.

05 앗! 시원하지 않아~ 캔 음료!

1. 모범답안

물이 증발하면서 몸의 열을 빼앗아가기 때문이다.

해설

물이 증발하려면 증발열이 필요하다. 물속에서 놀 때는 추위를 잘 느끼지 못한다. 하지만 물놀이 후 젖은 옷을 그대로 입고 있으면 여름철 높은 기온에 의해 물이 빠르게 증발하면서(옷이 마르면서) 우리 몸의 열을 빼앗아 가므로 점점 추워진다. 물놀이 후에는 타월로 몸을 감싸거나 마른 옷으로 갈아입어 체온이 낮아지는 것을 막아야 한다.

2. 모범답안

물이 기화되면서 열을 흡수하기 때문에 종이가 타지 않는다.

해설

물은 100 ℃가 되면 끓고, 종이의 발화점은 100 ℃보다 높다. 물이 들어 있는 종이냄비를 가열했을 때, 열에너지는 물이 기체가 되는 데 사용되므로 종이의 온도는 100 ℃보다 높아지지 않아 종이냄비는 타지 않는다. 그러나 종이냄비 안에 들어있는 물이 모두 끓고 나면 종이의 온도가 높아지므로 종이냄비는 탄다.

탐구 1 과학자가 되어 실험해 볼까?

먼저 생각해 보기

물티슈의 물이 증발하면서 캔 음료의 열을 빼앗아가기 때문이다.

탐구 방법

탐구 결과

키친타월의 온도 변화

시간(초)	0	20	40	60	80	100	120	온도 차이
마른 키친타월의 온도(℃)	27.5	27.5	27.5	27.5	27.5	27.5	27.8	+0.3
젖은 키친타월의 온도(℃)	26.4	25.0	23.0	22.9	22.1	22.4	21.9	−4.5

★TIP★ 키친타월의 온도가 27.5 ℃이고 물의 온도가 26.4 ℃이므로 물에 젖은 키친타월의 온도는 26.4 ℃라고 가정한다.

탐구 결론

마른 키친타월은 2분 동안 온도 변화가 거의 없고 젖은 키친타월은 2분 동안 온도가 4.5 ℃ 낮아졌다. 1 g의 물이 증발하려면 540 cal의 열이 필요하다. 따라서 물이 주변의 열을 흡수해 증발하므로 젖은 키친타월의 온도가 낮아지고, 물이 증발할수록 이 온도는 점점 더 낮아진다.

가설 판단

물이 증발하면서 주변의 열을 빼앗아가기 때문에 빨리 시원해질 것이다. (O)

더 알아보기

1. 탐구 활동 중 생긴 문제점과 해결 방법
   - 문제점: 증발 속도가 너무 느려 온도 변화가 크지 않았다.
   - 해별 방법: 증발 속도를 빠르게 하기 위해 선풍기를 켜 바람을 불어주었다.
2. 탐구 활동을 한 후 더 알아보고 싶은 점

   증발열을 이용해 물체를 더 빠르게 시원하게 할 수 있는 방법을 알아보고 싶다.

탐구 2 다르게 실험해 봐요!

먼저 생각해 보기

온도, 습도, 바람, 액체의 종류

탐구 방법

온도, 습도, 바람, 액체의 종류, 액체의 양, 키친타월의 크기, 키친타월이 젖은 정도

탐구 결과

2. 키친타월의 온도 변화

시간(초)		0	20	40	60	80	100	120	온도 차이
키친 타월의 온도(℃)	물	27.5	25.0	25.2	25.2	25.0	24.9	24.9	−2.6
	에탄올	25.6	23.5	23.3	23.1	22.7	22.8	22.8	−2.8
	아세톤	24.0	19.8	19.1	18.3	16.3	17.1	16.4	−7.6

탐구 결론

가설에 의하면 증발열이 큰 물을 떨어뜨린 키친타월의 온도가 가장 많이 낮아져야 하지만, 실험 결과는 증발열이 작은 아세톤을 떨어뜨린 키친타월의 온도가 가장 많이 낮아졌다. 2분 동안 물과 에탄올을 떨어뜨린 키친타월의 젖은 정도는 거의 변화가 없었고, 증발도 천천히 일어나 온도 변화가 크지 않았다. 그러나 아세톤은 매우 빠르게 증발하여 온도 변화가 컸고, 2분 후에 키친타월이 거의 말랐다. 아세톤은 증발열은 작지만 증발 속도가 빨라서 키친타월의 온도가 가장 많이 낮아졌다. 증발열을 이용해 물체의 온도를 낮출 때에는 액체의 증발열의 크기도 중요하지만 증발 속도도 많은 영향을 미친다.

가설 판단

증발열이 큰 액체를 이용하면 물체의 온도를 많이 낮출 수 있을 것이다. (X)

더 알아보기

1. 탐구 활동 중 생긴 문제점과 해결 방법
   - 문제점: 선풍기로 바람을 불어주니 아세톤의 증발 속도가 너무 빨라 비교하기 힘들었다.
   - 해결 방법: 자연 증발시켰다.
2. 탐구 활동을 한 후 더 알아보고 싶은 점
   - 증발을 이용하여 물체를 시원하게 보관하는 냉장고를 만드는 방법을 알아보고 싶다.
   - 우리 주변에서 증발을 이용해 온도를 낮추는 경우에 대해 알아보고 싶다.

탐구 3 탐구보고서를 작성해 보자!

먼저 생각해 보기

종이가 물에 젖어 있기 때문이다.

해설

종이가 물에 젖어 있으면 물이 기화하면서 열을 사용하여 종이의 온도가 발화점 이상으로 높아지지 않으므로 종이에 불이 붙지 않는다.

탐구보고서

탐구 주제	물에 젖은 종이에 불을 붙이면 불은 붙지만 타지 않는 이유는 무엇일까?	
가설 설정	종이가 물에 젖어 있으면 불에 타지 않을 것이다.	
준비물	종이, 에탄올, 물, 나무젓가락, 양초, 점화기, 알루미늄 포일, 그릇, 가위	
탐구 방법 영상 보러가기	**조작 변인**	**통제 변인**
	물에 젖은 정도	에탄올에 젖은 정도, 종이 크기
	활동 사진과 함께 설명을 적으세요.	
	① 종이를 가로, 세로 3 cm 크기로 작게 2개 자른다. ② 종이 1개만 물에 담근다. ③ 마른 종이를 에탄올에 담근 후 알루미늄 포일 위에서 가열한다. ④ 젖은 종이를 에탄올에 담근 후 알루미늄 포일 위에서 가열한다. ★TIP★ 종이에 불이 붙으면 알루미늄 포일 위에 놓고 그대로 둔다.	

<table>
<tr><td>탐구 결과</td><td>종이의 변화
<table><tr><th>구분</th><th>가열하는 동안</th><th>가열 후</th></tr><tr><td>에탄올에 담근 종이</td><td>불꽃이 생기고 에탄올은 타면서 점점 사라진다. 에탄올이 모두 타면 종이에 불이 붙어 탄다.</td><td>재가 생긴다.</td></tr><tr><td>물과 에탄올에 담근 종이</td><td>불꽃이 생기며 타다가 종이에는 불이 붙지 않고 꺼진다.</td><td>종이가 젖어 있다.</td></tr></table></td></tr>
<tr><td>탐구 결론</td><td>에탄올은 잘 타는 물질이다. 종이에 에탄올을 적셨으므로 불을 붙이면 처음에는 에탄올이 타면서 불꽃이 생긴다. 에탄올이 모두 타면 마른 종이는 온도가 발화점 이상으로 높아져 불이 붙어 탄다. 그러나 젖은 종이는 물이 기화하면서 열을 흡수해서 종이의 온도가 발화점 이상으로 높아지지 못하므로 타지 않고 불이 꺼진다.</td></tr>
<tr><td>가설 판단</td><td>종이가 물에 젖어 있으면 타지 않을 것이라는 가설이 옳았다.</td></tr>
<tr><td>더 알아보기</td><td><table><tr><th>탐구 활동 중 생긴 문제점</th><th>해결 방법</th></tr><tr><td>종이에 불이 붙어 불을 끄려고 입으로 불었더니 재가 사방으로 날렸다.</td><td>불이 붙은 종이를 알루미늄 포일 위에 그대로 두었더니 모두 탄 후 불이 저절로 꺼졌다.</td></tr><tr><th colspan="2">더 알아보고 싶은 점</th></tr><tr><td colspan="2">• 종이를 에탄올 대신 식용유나 아세톤에 담근 후 실험하면 어떻게 될지 알아보고 싶다.
• 이 원리를 이용해 불이 났을 때 문화재 등 중요한 물체가 타지 않게 하는 방법을 알아보고 싶다.</td></tr></table></td></tr>
</table>

해설

다른 여러 가지 방법으로 탐구보고서를 작성할 수 있다.

1. 모범답안

물이 증발하면서 주위의 열을 빼앗아가므로 시원해진다.

해설

도로에 물을 뿌리면 지면 온도가 7~9 ℃ 낮아지고 미세먼지도 줄이는 효과가 있다. 지하철역에서 버려지는지하수를 활용하는 방식으로 더위가 심한 날에는 도로 위에 물을 뿌린다. 인공 안개는 정수 처리한 수돗물을 빗방울의 약 1,000만 분의 1 크기로 고압 분사하여 만든다. 물 입자가 아주 작아 몸에 닿아도 젖지 않고 바로 증발한다. 공기 중에 분사된 물이 기화하면서 주위의 열을 빼앗가므로 주변보다 기온을 3~5 ℃ 낮추는 효과가 있으며, 공기 중의 분진을 떨어뜨려 먼지와 악취를 줄이는 효과도 있다. 인공 안개는 기온 28 ℃ 이상, 습도 70 % 이하일 때 가동되는데 습도가 높으면 증발이 잘 일어나지 않아 효과가 없기 때문이다.

2. 모범답안

땀을 빠르게 흡수한 후 빠르게 증발시키기 때문이다.

해설

면은 흡습성이 좋아 땀을 잘 흡수하지만 땀이 잘 증발되지 않아 축축한 느낌을 준다. 그러나 흡한속건 섬유는 단면이 원형이 아니라 구불구불한 모양이므로 표면적이 넓어 땀을 빠르게 흡수하고 많은 미세 공간으로 땀을 빠르게 증발시키므로 시원하고 쾌적한 느낌을 준다. 흡한속건 섬유 소재는 일반 소재보다 흡수와 건조가 2~5배 빠르다.

3. 예시답안

- 땀으로 체온 조절: 더울 때 땀을 흘리면 땀이 증발하면서 열을 빼앗아가므로 체온을 낮춘다.
- 냉장고, 제빙기, 에어컨, 제습기: 압축된 냉매가 증발하면서 주위의 열을 빼앗아 온도를 낮춘다.
- 옥상 정원: 녹지 공간이 태양열을 반사하고 수분이 증발하면서 주위의 열을 흡수하며, 식물이 물을 수증기 형태로 배출하는 증산 작용을 하면서 온도를 낮춘다.
- 팟인팟 쿨러: 큰 항아리 속에 음식을 보관할 작은 항아리를 넣은 뒤 두 항아리 사이에 물에 젖은 흙을 채우고 항아리 위에 젖은 수건을 덮어두는 방식이다. 젖은 흙의 물이 증발하면서 작은 항아리 안에 있는 열을 빼앗아 가므로 13~22 ℃를 유지하게 된다. 팟인팟 쿨러를 사용하면 2~3일이면 상할 음식을 20일 가까이 신선하게 보관할 수 있다.

▲ 팟인팟 쿨러

- 열이 날 때 미지근한 물수건으로 몸 닦기: 물이 증발하면서 열을 빼앗아 체온을 낮춘다. 열이 날 때 이마에 차가운 물수건이나 얼음주머니를 올려두는 것은 큰 효과가 없다. 물수건으로 피부를 덮어두면 증발을 막으므로 효과가 없다. 또, 물수건의 온도가 너무 낮으면 피부 표면 온도가 내려가 혈관이 수축하여 열이 빠져나가지 못하고 근육에서 열을 발생시켜 오히려 체온을 더 높일 수 있다. 체온을 떨어뜨리기 위해서는 미지근한 물을 흠뻑 적신 수건으로 몸을 닦고, 탈수가 일어나지 않도록 물을 충분히 마시는 것이 좋다. 해열 패치는 피부에 수분을 공급하는 친수성 고분자 물질과 약간의 시원함을 주는 멘톨이 들어 있어 시원한 느낌을 주지만 열을 내리는 데 큰 효과가 없다.

06 앗! 안 열려~ 잼 뚜껑!

1. 모범답안

기온이 높은 여름철에는 콘크리트의 부피가 늘어나므로 다리에 금이 가는 것을 막기 위해서이다.

해설

고체는 열을 얻어 온도가 올라가면 팽창하고, 열을 잃어 온도가 내려가면 수축한다. 기온이 높은 여름철에는 콘크리트의 부피가 늘어나 이음새의 틈이 좁아지고, 기온이 낮은 겨울철에는 콘크리트의 부피가 줄어들어 이음새의 틈이 벌어진다. 대부분의 고체는 열팽창률이 크지 않지만 교량이나 철로와 같은 큰 구조물을 건설할 때는 계절 변화에 따른 열팽창의 효과를 고려해야 한다.

2. 모범답안

전기 주전자 안에 있는 바이메탈이 온도를 감지해 온도가 높아지면 전원을 끈다.

해설

바이메탈은 열팽창 정도가 다른 두 금속을 붙여 놓은 것이다. 온도가 올라가면 금속의 길이가 늘어나는데 늘어나는 정도는 금속마다 다르다. 바이메탈의 온도가 올라가면 열팽창 정도가 작은 금속 쪽으로 휘어지고, 온도가 다시 내려가면 원래 상태로 돌아온다. 전기 주전자의 바이메탈은 스위치 밑에 있다. 스위치를 누르면 동그란 바이메탈의 가운데 부분이 눌리고, 물이 끓어 뜨거운 수증기에 의해 바이메탈의 온도가 올라가면 바이메탈이 휘면서 스위치를 밀어 올려 전원을 끈다.

탐구 1 과학자가 되어 실험해 볼까?

먼저 생각해 보기

금속 뚜껑의 온도가 높아지면서 부피가 늘어나기 때문이다.

탐구 결과

1. 고무줄의 변화와 빨대의 움직임

구분	알루미늄 테이프를 당길 때	알루미늄 테이프를 당겼다 놓았을 때
고무줄의 변화	늘어난다.	줄어든다.
빨대의 움직임	앞으로 기울어진다.	뒤로 기울어진다.

2. 알루미늄 테이프를 가열했을 때 빨대의 움직임

구분	가열하기 전	가열했을 때
빨대의 움직임	수직이다.	뒤로 기울어진다.

탐구 결론

알루미늄 테이프를 받침대에 고정한 후 가열하면 알루미늄 테이프의 길이가 늘어나면서 고무줄의 길이가 줄어들므로 빨대가 뒤로 기울어진다. 알루미늄 테이프가 식으면 길이가 원래대로 되돌아오면서 고무줄의 길이가 다시 늘어나므로 빨대가 앞으로 기울어 수직으로 세워진다. 알루미늄과 같은 금속은 온도가 높아지면 부피가 늘어난다.

가설 판단

온도가 높아지면 금속 뚜껑의 부피가 늘어나기 때문이다. (O)

더 알아보기

1. 탐구 활동 중 생긴 문제점과 해결 방법
   - 문제점 ①: 알루미늄 테이프의 부피 변화를 측정하기 힘들었다.
   - 해결 방안 ①: 알루미늄 테이프의 길이 변화만 확인했다.
   - 문제점 ②: 알루미늄 테이프에 고무줄을 붙이고 접은 부분이 잘 찢어졌다.
   - 해결 방안 ②: 알루미늄 테이프에 셀로판테이프를 덧붙였다.
2. 탐구 활동을 한 후 더 알아보고 싶은 점

   가열했을 때 금속이 늘어나는 정도는 금속의 종류마다 다른지 알아보고 싶다.

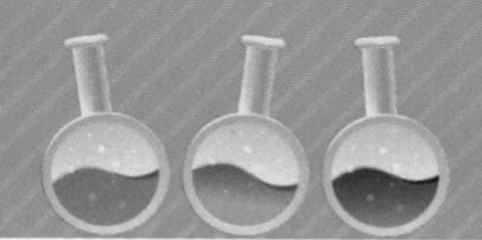

탐구 2 다르게 실험해 봐요!

먼저 생각해 보기

금속의 종류, 금속의 길이, 가열하는 촛불의 크기, 금속을 가열하는 시간, 금속과 촛불 사이의 거리

탐구 방법

금속의 종류, 금속의 길이, 고무줄의 길이, 고무줄의 탄성,
촛불의 크기, 금속을 가열하는 시간, 금속과 촛불 사이의 거리

탐구 결과

빨대의 움직임

구분	알루미늄 테이프	구리 테이프
빨대의 움직임	뒤로 많이 기울어진다.	뒤로 조금 기울어진다.

탐구 결론

알루미늄 테이프를 가열하면 길이가 많이 늘어나면서 고무줄이 많이 줄어들므로 빨대가 뒤로 많이 기울어진다. 구리 테이프를 가열하면 길이가 조금 늘어나면서 고무줄이 조금 줄어들므로 빨대가 뒤로 조금 기울어진다. 따라서 알루미늄이 구리보다 열팽창 정도가 크다.

가설 판단

금속이 늘어나는 정도는 금속의 종류마다 다를 것이다. (O)

더 알아보기

1. 탐구 활동 중 생긴 문제점과 해결 방법
   - 문제점: 알루미늄 테이프와 구리 테이프를 가열하는 정도를 같게 맞추기 힘들었다.
   - 해결 방안: 일정한 빠르기로 촛불을 좌우로 세 번씩 움직였다.
2. 탐구 활동을 한 후 더 알아보고 싶은 점
   - 열팽창이 가장 큰 금속과 가장 작은 금속은 무엇인지 알아보고 싶다.
   - 우리 생활에서 금속마다 열팽창이 서로 다른 것을 활용하는 경우를 알아보고 싶다.

탐구 3 탐구보고서를 작성해 보자!

먼저 생각해 보기

화재가 발생하여 온도가 높아지면 바이메탈이 휘어지면서 전기 회로가 연결되어 화재 경보기의 불이 켜진다.

해설

바이메탈은 온도에 따라 늘어나는 정도가 다른 금속 두 개를 붙여 만든 것으로, 전기 기구의 자동 온도 조절 장치로 이용된다. 바이메탈을 전기 기구의 전기 회로에서 열린 회로로 연결하면(화재경보기, 냉장고, 에어컨 등) 일정 온도 이상이 되었을 때 바이메탈이 휘어져 닫힌 회로가 되어 작동하게 할 수 있다. 또, 닫힌 회로로 연결하면(전기다리미, 전기밥솥, 전기장판 등) 일정 온도 이상이 되었을 때 바이메탈이 휘어져 열린 회로가 되어 작동하지 않게 할 수 있다.

탐구보고서

탐구 주제	화재경보기는 어떻게 화재를 감지할까?
가설 설정	바이메탈을 전기 회로에서 열린 회로로 연결하면 화재가 일어났을 때 닫힌 회로가 되어 화재 경보기의 불이 켜질 것이다.
준비물	알루미늄 테이프, 구리 테이프, 1.5 V 전지 2개, 전지끼우개, LED, LED 커넥터, 클립 3개, 나무젓가락 2개, 종이컵 2개, 초, 라이터, 셀로판테이프, 송곳
탐구 방법 영상 보러가기	**활동 사진과 함께 설명을 적으세요.** ① 클립 양쪽에 10 cm 길이의 알루미늄 테이프와 구리 테이프를 맞붙여 바이메탈을 만든다. ② 구리 테이프를 가열하며 휘어지는 쪽을 관찰한다. ③ 알루미늄 테이프를 가열하며 휘어지는 쪽을 관찰한다. ④ LED의 긴 다리가 빨간색 전선에 연결되도록 커넥터에 꽂는다. ⑤ 커넥터와 전지끼우개의 빨간색 전선을 연결한다. ⑥ 바이메탈 클립에 전지끼우개의 검은색 전선을 연결한 후 나무젓가락 끝에 붙인다. ⑦ 커넥터 검은색 전선을 클립에 연결한 후 나무젓가락에 클립 2개를 붙인다. ⑧ 전지끼우개에 전지를 넣고, 전선을 연결한 클립에 바이메탈을 붙여 LED의 불이 켜지는지 확인한다. ⑨ 종이컵에 각각 나무젓가락을 끼워 고정한다. ⑩ 구리 테이프가 전선을 연결한 클립을 향하도록 바이메탈을 곧게 펴 클립 사이에 끼운다. ⑪ 스위치를 켠 후 바이메탈을 가열하며 변화를 관찰한다.

	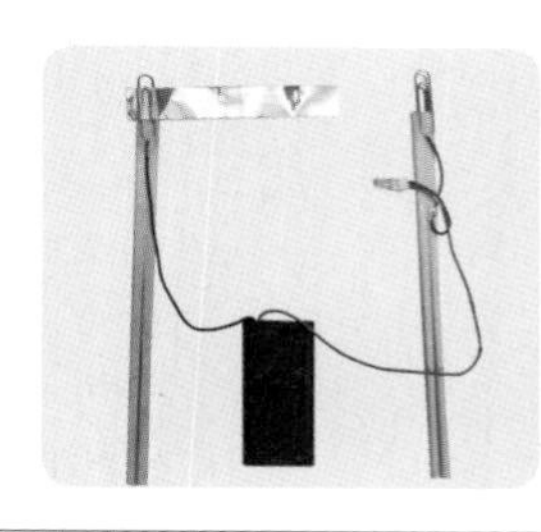  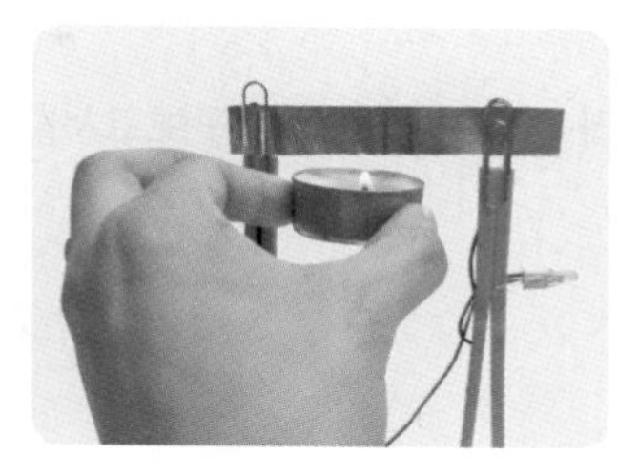
탐구 결과	1. 바이메탈의 변화

구분	구리 테이프를 가열했을 때	알루미늄 테이프를 가열했을 때
변화	곧게 펴진 바이메탈이 구리 테이프가 있는 아래쪽으로 휘어진다.	곧게 펴진 바이메탈이 구리 테이프가 있는 위쪽으로 휘어진다.

2. 바이메탈과 LED의 변화

구분	가열하기 전	가열할 때	가열한 후
바이메탈의 변화	곧게 펴진 상태이다.	구리 테이프 쪽으로 휘어진다.	곧게 펴진 상태로 되돌아온다.
LED의 변화	불이 꺼져 있다.	불이 켜진다.	불이 꺼진다.

탐구 결론	구리 테이프와 알루미늄 테이프를 맞붙인 바이메탈을 가열하면 알루미늄이 더 많이 늘어나므로 구리 테이프 쪽으로 휘어진다. 화재경보기를 만들 때 바이메탈의 구리 테이프가 클립과 연결되도록 열린 상태의 전기 회로를 만들면 화재가 일어나 온도가 높아졌을 때 바이메탈이 구리 테이프 쪽으로 휘어져 닫힌 회로가 되어 LED의 불이 켜진다. 온도가 낮아지면 바이메탈이 원래 상태로 되돌아오므로 열린 회로가 되어 LED의 불이 꺼진다.
가설 판단	바이메탈을 전기 회로에서 열린 회로로 연결하면 화재가 일어났을 때 닫힌 회로가 되어 화재 경보기의 불이 켜질 것이라는 가설이 옳았다.

더 알아보기

탐구 활동 중 생긴 문제점	해결 방법
바이메탈을 길게 만들었더니 알루미늄 테이프 쪽을 가열할 때 처음에는 위쪽으로 휘어졌지만 무거워서 아래쪽으로 쳐졌다.	무게 때문에 한쪽으로 기울어지지 않도록 바이메탈을 10 cm 정도로 짧게 했다.

더 알아보고 싶은 점

- 화재경보기와 반대로 온도가 높아졌을 때 열린 회로가 되어 작동하지 않게 하는 방법을 알아보고 싶다.
- 우리 생활에서 바이메탈을 활용할 수 있는 것을 더 알아보고 싶다.

해설

다른 여러 가지 방법으로 탐구보고서를 작성할 수 있다.

1. 모범답안

레일의 온도가 올라가면 길이가 늘어나 굴곡이 생기고 휘어져 사고가 날 가능성이 있기 때문이다.

해설

폭염으로 인한 레일 변형에 대비하여 레일의 온도가 일정 수준 이상으로 올라가면 안전을 위해 열차 운행을 제한한다. 레일의 온도가 55 ℃ 이상이 되면 고속선은 230 km/h 이하로 운전을 해야 하고, 일반선은 주의 운전해야 한다. 또, 60 ℃ 이상이 되면 고속선은 70 km/h 이하로, 일반선은 60 km/h 이하로 운전해야 하며, 64 ℃ 이상이 되면 고속선과 일반선 모두 운행이 중지된다. 폭염으로 인한 열차 운행 제한을 최소화하기 위해 레일의 온도가 높은 구간의 레일에는 차열성 페인트를 칠하고, 선로에 물을 뿌린다. 공항 철도 운서역에는 폭염에 대비하여 자동 살수 장치가 설치되어 있다.

2. 모범답안

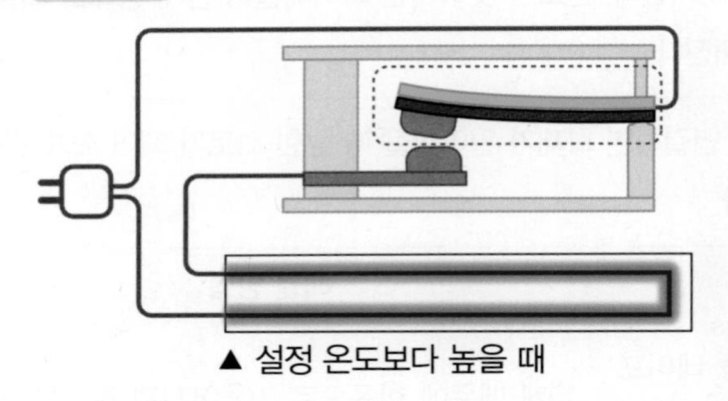

▲ 설정 온도보다 높을 때

해설

전기다리미의 바이메탈은 전기 회로에 연결되어 있다. 전원을 꽂으면 전기가 흘러 열판의 온도가 올라가고 바이메탈의 온도도 올라간다. 설정 온도가 되면 바이메탈이 딸깍 소리를 내며 휘어져 접점이 끊어진다. 따라서 전기 회로에 전류가 흐르지 않으므로 온도가 더 이상 높아지지 않는다. 바이메탈의 온도가 낮아지면 원래 모양으로 되돌아오고 접점이 붙어 전기가 다시 흐른다.

3. 예시답안

- 전신주의 전선: 겨울이 되면 전선의 길이가 줄어들므로 전신주에 전선을 느슨하게 연결한다.
- 철로의 이음매: 철로에 이음매가 없으면 여름에 철로가 늘어나 휘어지면서 큰 사고로 이어질 수 있다.
- 도자기와 유약: 도자기를 만드는 흙과 유약의 열팽창 정도를 비슷하게 해야 도자기를 구울 때 금이 생기지 않는다.
- 강화유리: 강화유리는 600 ℃ 이상으로 특수 열처리를 해 일반 유리보다 강도와 내열성이 높다. 하지만 한 쪽 면이 달궈진 상태에서 반대쪽에 찬물을 뿌리거나 냉방을 하여 온도가 급격히 바뀌면 깨질 가능성이 있다. 유리에 미세한 흠집이 있으면 온도 변화에 더 민감해질 수 있다.
- 아파트 도시가스 배관: 온도 변화에 의해 배관이 팽창 또는 수축이 반복되더라도 파손되지 않도록 ㄷ자 모양으로 만든다. ㄷ자 모양으로 굽은 곳을 곡관이라고 하는데, 11~20층 건물에는 1개, 21~30층 건물에는 2개로, 10층씩 높아질 때마다 곡관을 1개씩 추가한다.
- 콘크리트 도로나 바닥의 틈: 콘크리트는 온도의 변화에 따라 팽창과 수축이 반복되면 균열이 생겨 금이 가거나 솟아오를 수 있다. 따라서 400 m 간격으로 7~10 cm 정도 틈을 만든다. 아스팔트는 열에 의해 변형되므로 틈을 만들지 않는다. 아스팔트는 배수도 잘 되고 소음도 줄여주지만 교통량이 많고 강한 힘을 받으면 파손이 잘 된다.
- 충치 치료에 사용하는 충전재: 뜨거운 국물을 마시면 치아 표면이 늘어나고, 아주 차가운 아이스크림을 먹으면 줄어든다. 충전재로 사용하는 물질은 치아 표면과 열팽창 정도가 비슷해야 떨어지지 않는다. 치아 표면의 열팽창보다 아말감의 열팽창은 2배, 레진의 열팽창은 5배로 크지만 금의 열팽창은 비슷하므로 충치 치료에 금을 많이 사용한다.
- 철근 콘크리트: 콘크리트는 인장강도(잡아당기는 힘에 버티는 강도)가 약한데 콘크리트 안에 철근을 넣으면 이를 보완할 수 있다. 철근은 콘크리트와 열팽창률이 같아 온도가 변해도 금이 가지 않으므로 함께 사용할 수 있다. 또, 콘크리트가 철근을 감싸는 형태이므로 부식에 취약한 철근이 공기와 만나는 것을 막아주고, 염기성 물질인 콘크리트가 철근의 부식을 막아준다.

▲ 휘어진 철로

▲ 아파트 도시가스 배관

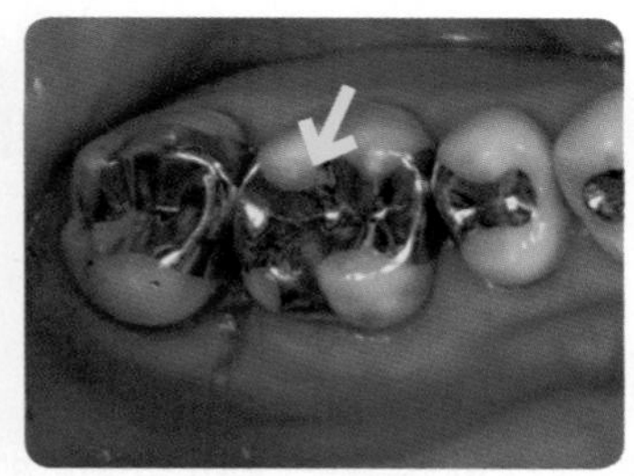

▲ 충치 치료에 사용하는 금 충전재

07 앗! 계속 풀려~ 두루마리 휴지!

1. 모범답안

추진력을 얻으므로 속력이 빨라진다.

해설

물체에 힘이 가해지면 속력과 운동 방향이 변한다. 정지한 물체에 힘이 가해지면 물체가 움직이기 시작하고, 움직이는 물체에 운동 방향과 같은 방향으로 힘이 가해지면 속력이 빨라진다. 반면에 반대 방향으로 힘이 가해지면 속력이 느려진다. 1단 로켓이 분리되어 가벼워졌으므로 2단 로켓이 점화되면 속력이 매우 빨라진다.

2. 모범답안

우주에서는 힘이 작용하지 않으므로 같은 속력으로 곧게 나아간다.

해설

모든 물체는 물체에 힘이 작용하지 않으면 자신의 운동 상태를 그대로 유지하려는 성질이 있다. 즉, 정지한 물체는 계속 정지해 있으려 하고, 운동하는 물체는 속력과 방향이 변하지 않고 계속 그 상태로 운동하려고 한다. 다누리는 발사체에서 분리된 후 관성에 의해 날아가고, 궤도를 수정해야 할 때만 자체 엔진을 켜 방향을 조절한다.

탐구 1 과학자가 되어 실험해 볼까?

먼저 생각해 보기

잡아당긴 아랫부분은 힘이 작용하여 아래로 내려가려 하고, 윗부분은 힘이 작용하지 않아 관성에 의해 정지해 있으려 하므로 약한 부분인 절단선에서 끊어지기 때문이다.

해설

모든 물체는 물체에 힘이 작용하지 않으면 자신의 운동 상태를 그대로 유지하려는 성질이 있다. 정지한 물체는 계속 정지해 있으려 하고, 운동하는 물체는 속력과 방향이 변하지 않고 계속 그 상태로 운동하려고 한다.

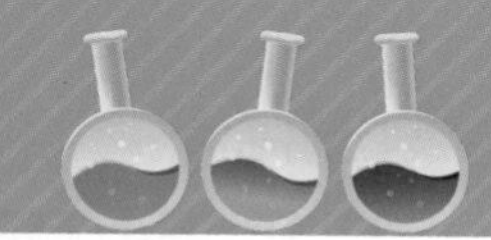

탐구 결과

동전과 페트병 속 물의 움직임

구분	천천히 잡아당겨 움직이기 시작할 때	천천히 멈출 때	빠르게 잡아당겨 움직이기 시작할 때	갑자기 멈출 때
동전의 움직임	변화 없다.	변화 없다.	뒤로 움직인다.	앞으로 움직인다.
←				
물의 움직임	변화 없다.	변화 없다.	뒤로 움직인다.	앞으로 움직인다.
←				

탐구 결론

천천히 잡아당겨 움직이기 시작할 때와 천천히 멈출 때는 동전과 물의 위치가 변하지 않는다. 그러나 빠르게 잡아당겨 움직이기 시작하면 바닥과 바닥에 고정된 페트병은 힘을 받아 움직이지만 동전과 물은 힘을 받지 않으므로 움직이지 않고 제자리에 있으려 하여 상대적으로 뒤로 움직인다. 또, 갑자기 멈추면 바닥과 바닥에 고정된 페트병은 힘을 받아 멈추지만 동전과 물은 힘을 받지 않으므로 계속 움직이려 하여 상대적으로 앞으로 움직인다.

가설 판단

물체에 힘이 작용하지 않으면 자신의 운동 상태를 그대로 유지하려는 관성 때문이다. (O)

더 알아보기

1. 탐구 활동 중 생긴 문제점과 해결 방법
   - 문제점: 물의 변화를 관찰하기 힘들었다.
   - 해결 방안: 스마트폰 카메라의 슬로우 모션으로 촬영한 후 확인했다.
2. 탐구 활동을 한 후 더 알아보고 싶은 점
   동전의 개수와 물의 양에 따라 실험 결과가 어떻게 달라지는지 알아보고 싶다.

탐구 2 다르게 실험해 봐요!

먼저 생각해 보기

종이를 잡아당기는 빠르기, 페트병의 질량

탐구 방법

페트병 안의 물의 양, 페트병의 크기, 종이를 당기는 빠르기

탐구 결과

페트병의 움직임

물의 양	없음	절반 정도	가득
천천히 당길 때	종이와 함께 움직인다.	종이와 함께 움직인다.	종이와 함께 움직인다.
빠르게 당길 때	제자리에 있지만 많이 흔들린다.	제자리에 있지만 약간 흔들린다.	제자리에 있고 거의 움직이지 않는다.

탐구 결론

종이를 천천히 당기면 페트병에 힘이 전달되므로 페트병이 종이와 함께 움직인다. 종이를 빠르게 당기면 물이 없는 가벼운 페트병은 관성이 작아 많이 흔들리지만 물이 가득 든 무거운 페트병은 관성이 커서 거의 움직이지 않고 제자리에 있는다. 질량이 클수록 관성의 크기가 크다.

가설 판단

페트병을 무겁게 하고 종이를 빠르게 잡아당기면 종이만 뺄 수 있을 것이다. (O)

더 알아보기

1. 탐구 활동 중 생긴 문제점과 해결 방법
   - 문제점: 종이 가운데에 페트병을 놓으니 종이를 끝까지 빠르게 당기기 힘들었다.
   - 해결 방안: 잡아당기는 쪽과 반대되는 끝에 페트병을 놓았다.
2. 탐구 활동을 한 후 더 알아보고 싶은 점

   우리 생활에서 관성에 의해 나타나는 현상을 알아보고 싶다.

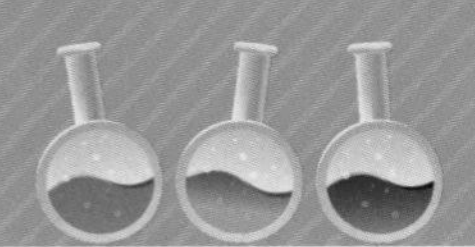

탐구 3 탐구보고서를 작성해 보자!

먼저 생각해 보기

바람이나 지진의 영향으로 건물이 진동할 때 추는 관성에 의해 움직이지 않으므로 무게 중심을 잡아주고, 건물이 진동하는 방향과 반대로 진동하면서 진동을 줄인다.

해설

건축설계 기술이 발전하고 고강도 재료를 사용하면서 초고층 건물 전체 무게가 가벼워지고 외관이 날씬해졌다. 이 건물들은 강풍이 불고 지진이 일어나면 흔들리는데, 특히 상층부는 흔들림이 더 심하다. 건물 상층부에 건물 전체 중량의 1 % 내외인 추를 설치하면 건물이 흔들릴 때 건물의 진동 방향 반대로 추가 움직이며 진동을 줄인다. 100층이 넘는 초고층 건물은 거의 대부분 건물 상층부에 추를 설치하여 진동을 줄인다. 강원도 양양 국제공항과 인천 국제공항 관제탑에도 무거운 추가 설치되어 있어 25 m/s의 강풍이 불어도 흔들림을 느낄 수 없다.

탐구보고서

탐구 주제	초고층 건물에 매달린 추는 어떻게 건물의 진동을 줄일까?	
가설 설정	정지 관성 때문에 추가 움직이지 않으므로 건물의 무게 중심을 잡아주고 진동을 줄여줄 것이다.	
준비물	두꺼운 종이, 가위, 셀로판테이프, 구슬, 실, 펜	
탐구 방법 영상 보러가기	**조작 변인**	**통제 변인**
	구슬	건물의 크기, 건물을 진동시키는 힘의 크기
	활동 사진과 함께 설명을 적으세요.	
	① 두꺼운 종이를 가로 2 cm, 세로 30 cm로 2개, 가로 1.5 cm, 세로 30 cm로 1개 자른다. ② 가로 2 cm인 종이 양 끝을 11 cm 정도 접어 ㄷ 모양의 건물 모형을 만든다. ③ 한쪽에만 가운데에 실로 구슬을 붙인다. ④ 각각 양 끝을 2 cm 정도 접은 후 두꺼운 종이 위에 붙인다. ⑤ 가로 1.5 cm인 종이를 접어 인형 모형 2개를 만든 후 건물 위쪽에 올린다. ⑥ 매끄러운 책상 위에서 종이 양쪽을 살짝 누른 채 좌우로 흔들면서 변화를 관찰한다.	

<table>
<tr><td rowspan="4">탐구 결과</td><td colspan="3">건물 모형과 인형 모형의 변화</td></tr>
<tr><td>구분</td><td>구슬이 없을 때</td><td>구슬이 있을 때</td></tr>
<tr><td>건물 모형</td><td>계속 진동하고, 진폭이 커진다.</td><td>계속 진동하지만 진폭이 작다.</td></tr>
<tr><td>인형 모형</td><td>아래로 떨어진다.</td><td>건물 모형 위에 그대로 있다.</td></tr>
<tr><td>탐구 결론</td><td colspan="3">구슬이 없으면 건물의 진동이 심해져 인형 모형이 아래로 떨어진다. 그러나 건물 모형 위쪽 가운데에 구슬이 있으면 건물이 좌우로 진동할 때 구슬은 관성에 의해 움직이지 않으므로 건물의 무게 중심을 잡아주어 진동을 줄여준다. 또한, 관성으로 인해 구슬이 건물이 진동하는 방향과 반대로 진동하면서 건물의 진동을 줄여준다.</td></tr>
<tr><td>가설 판단</td><td colspan="3">정지 관성 때문에 추가 움직이지 않으므로 건물의 무게 중심을 잡아주고 진동을 줄여줄 것이라는 가설이 옳았다.</td></tr>
<tr><td rowspan="4">더
알아보기</td><td>탐구 활동 중 생긴 문제점</td><td colspan="2">해결 방법</td></tr>
<tr><td>표면이 울퉁불퉁한 마룻바닥 위에 종이를 놓고 좌우로 흔들었더니 진동이 균일하게 생기지 않았다.</td><td colspan="2">표면이 매끄러운 책상이나 식탁 위에 종이를 놓고 좌우로 흔들었다.</td></tr>
<tr><td colspan="3">더 알아보고 싶은 점</td></tr>
<tr><td colspan="3">• 초고층 건물 상층부에 매단 추가 건물의 진동을 최소화하려면 추의 질량이 얼마나 되어야 하는지 건물 전체 질량과 비교하여 알아보고 싶다.
• 우리 생활에서 관성을 이용하는 경우를 알아보고 싶다.</td></tr>
</table>

해설

다른 여러 가지 방법으로 탐구보고서를 작성할 수 있다.

1. 모범답안

관성에 의해 풍선 모양을 잠깐 유지하고 있다가 중력에 의해 아래로 떨어진다.

해설

물풍선이 터지는 순간 안에 있던 물은 그대로 있으려고 하는 관성에 의해 잠시 동안 물풍선의 모습 그대로 유지한다.

2. 모범답안

차가 급정거를 하면 관성에 의해 구슬이 앞으로 이동하면서 걸쇠가 톱니바퀴에 걸려 움직이지 못한다.

해설

차량이 100 km/h로 달리다 사고로 멈추면 차량의 속력은 0이 되지만 안전벨트를 하지 않은 사람은 관성에 의해 100 km/h의 속력으로 앞으로 날아간다. 즉, 안전벨트는 급정거나 충돌 사고에서 부상을 방지하는 역할을 한다. 또한, 내리막길에서도 구슬이 앞으로 이동하므로 안전벨트가 잠긴다. 안전벨트를 빠르게 잡아당길 때도 잠기는데 이것은 톱니바퀴 안쪽의 휠이 원심력에 의해 바깥으로 밀려 톱니바퀴에 맞물려 잠긴다.

3. 예시답안

- 버스가 갑자기 출발하면 승객은 뒤쪽으로 쏠린다.
- 식탁보를 빠르게 잡아당기면 식탁보만 빠져나오고 그릇은 그대로 있다.
- 눈 쌓인 나뭇가지를 흔들면 나뭇가지만 이동하고 눈은 아래로 떨어진다.
- 이불이나 옷을 두드리면 이불과 옷만 뒤쪽으로 이동하고 먼지는 아래로 떨어진다.
- 지진이 일어나면 땅은 흔들리지만 지진계의 추는 관성에 의해 움직이지 않으므로 지진을 기록할 수 있다.
- 실로 물체를 묶은 후 실을 천천히 당기면 물체 위쪽의 실이 끊어지지만 갑자기 당기면 물체 아래쪽 실이 끊어진다.
- 컵 위에 동전을 올린 종이를 올려두고 종이를 빠르게 잡아당기거나 튕기면 종이만 움직이고 동전은 컵 속으로 떨어진다.
- 나무 도막이나 동전을 쌓은 후 가장 아래쪽을 빠르게 치면 가장 아래쪽 물체만 튕겨나가고 위쪽의 물체가 아래쪽으로 떨어져 쌓인다.

▲ 식탁보 빼기

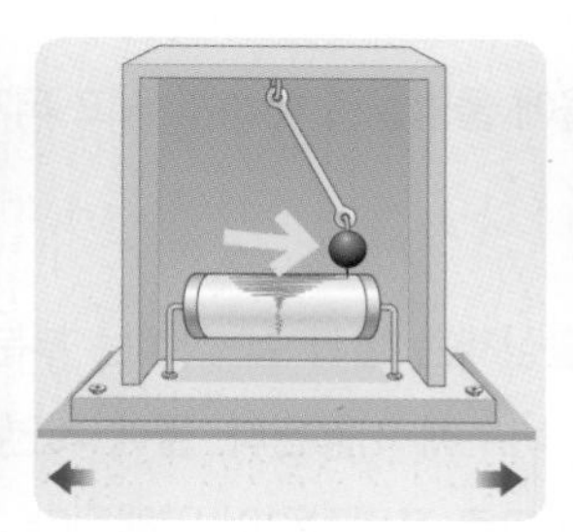
▲ 지진계의 추

▲ 실 당기기

08 앗! 자꾸 김 서려~ 욕실 거울!

1. 모범답안

물의 표면장력은 표면적을 최소화하는데 공 모양일 때 표면적이 가장 작아지기 때문이다.

해설

액체 내부에 있는 입자는 모든 방향으로 같은 힘을 받아 안정한 상태이지만, 표면에 있는 입자는 위쪽으로는 힘이 작용하지 않아 옆이나 아래로 더 세게 잡아당겨져 불안정한 상태이다. 둥근 공 모양은 액체 표면에 드러난 입자의 수가 가장 작으므로 가장 안정한 상태이다.

2. 모범답안

소금쟁이는 체중을 분산시키므로 물 표면을 누르는 힘이 물의 표면장력보다 작기 때문이다.

해설

물 표면은 물 입자가 서로 잡아당기는 표면장력에 의해 팽팽하고 탄력있는 막처럼 보인다. 소금쟁이는 날개가 없고 몸이 가벼우며, 6개의 다리를 좌우로 넓게 벌려 자신의 체중을 분산시키고 물과 다리의 접촉 면적을 크게 해서 물 표면에 미치는 압력을 최소화한다. 또, 다리에는 물에 젖지 않는 가느다란 털이 무수히 많아 수면에 떠 있도록 해 준다. 털 사이에는 작은 공기 방울이 많아 비를 맞거나 물결이 일어 몸이 물에 잠기더라도 부력으로 금방 다시 떠오를 수 있도록 해 준다.

탐구 1 과학자가 되어 실험해 볼까?

먼저 생각해 보기

린스가 물의 표면장력을 약하게 하여 거울에 물방울로 맺히지 않고 퍼져 흘러내리게 하므로 김이 서리지 않는다.

해설

린스에는 계면활성제가 들어 있다. 계면활성제는 물과 잘 섞이는 부분과 기름과 잘 섞이는 부분을 동시에 가지고 있어 물과 기름을 섞이게 해 주므로 주로 비누에 이용된다. 물에 계면활성제를 넣으면 물 사이에 계면활성제가 섞여 물 입자들이 서로를 잘 끌어당기지 못하므로 표면장력이 약해진다.

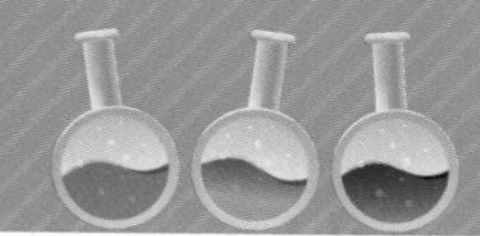

탐구 결과

1. 동전 위 물과 린스물의 옆모습

구분	물	린스물
모양		
특징	위로 볼록하게 솟아오른다.	평평하고 넓게 퍼진다.

2. 클립의 변화

구분	린스물	물	물에 린스물을 떨어뜨릴 때
클립의 변화	가라앉는다.	물 위에 뜬다.	떠 있던 클립이 가라앉는다.

탐구 결론

동전 위에 떨어뜨린 물의 옆모습은 위로 볼록하게 솟아오른다. 또, 물에 클립을 띄우면 클립 가장자리가 눌러지며 물 위에 뜨므로 표면장력이 크다. 그러나 동전 위에 떨어뜨린 린스물의 옆모습은 평평하고 넓게 퍼지며, 린스물에 클립을 띄우면 가라앉으므로 표면장력이 작다. 물에 클립을 띄운 후 린스물을 떨어뜨리면 물의 표면장력이 약해져 떠 있던 클립이 가라앉는다. 이와 같이 거울에 린스를 바르면 린스가 물의 표면장력을 약하게 하기 때문에 거울에 김이 서리지 않는다.

가설 판단

린스가 물의 표면장력을 약하게 하기 때문이다. (O)

더 알아보기

1. 탐구 활동 중 생긴 문제점과 해결 방법
   - 문제점: 린스가 물에 완전히 녹지 않았다.
   - 해결 방안: 커피 필터로 걸러 맑은 린스물만 사용했다.
2. 탐구 활동을 한 후 더 알아보고 싶은 점
   - 여러 가지 액체의 표면장력을 비교해 보고 싶다.
   - 온도에 따른 물의 표면장력을 비교해 보고 싶다.

탐구 2 다르게 실험해 봐요!

먼저 생각해 보기

액체의 종류, 온도

탐구 방법

액체의 온도, 액체의 종류, 종이컵의 크기, 동전의 크기

탐구 결과

1. 액체 한 방울의 모양

구분	물	에탄올	소금물 포화 용액	린스물
모양				
특징	위로 볼록하게 솟아오른다.	매우 평평하고 넓게 퍼진다.	위로 매우 볼록하게 솟아오른다.	평평하고 넓게 퍼진다.

2. 액체가 흘러넘치기 전까지 넣은 동전의 개수

구분	물	에탄올	소금물 포화 용액	린스물
동전의 개수(개)	11	4	13	4

탐구 결론

에탄올과 린스물의 한 방울 모양은 평평하고 넓게 퍼지며, 물과 소금물의 한 방울 모양은 위로 볼록하게 솟아오른다. 또, 액체가 흘러넘치기 전까지 넣은 동전의 개수는 에탄올과 린스물은 적고, 물과 소금물은 많다. 즉, 에탄올과 린스물, 물, 소금물 포화 용액 순으로 표면장력이 크다.

가설 판단

액체 방울의 모양이 둥글수록, 액체가 가득 담긴 컵에 액체가 흘러넘치기 전까지 넣은 동전의 개수가 많을수록 액체의 표면장력이 클 것이다. (O)

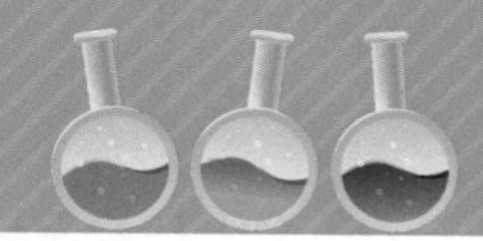

더 알아보기

1. 탐구 활동 중 생긴 문제점과 해결 방법
   - 문제점: 종이컵에 액체를 가득 담는 정도를 맞추기 힘들었다.
   - 해결 방안: 투명한 액체에 색소를 녹이고 종이컵 정면에서 봤을 때 위로 액체가 솟아오르기 직전까지 담았다.
2. 탐구 활동을 한 후 더 알아보고 싶은 점

   우리 생활에서 표면장력에 의한 현상을 알아보고 싶다.

탐구 3 탐구보고서를 작성해 보자!

먼저 생각해 보기

컵 속에 있는 액체의 표면장력이 카드를 붙잡고 있어 떨어지지 않기 때문이다.

탐구보고서

<table>
<tr><td>탐구 주제</td><td colspan="2">컵에 걸쳐 올려진 카드 위에 어떻게 동전탑을 쌓을 수 있을까?</td></tr>
<tr><td>가설 설정</td><td colspan="2">컵에 표면장력이 큰 액체를 넣으면 컵에 걸쳐 올려진 카드 위에 동전탑을 쌓을 수 있을 것이다.</td></tr>
<tr><td>준비물</td><td colspan="2">작은 종이컵 2개, 물, 에탄올, 카드, 동전 여러 개, 자, 펜</td></tr>
<tr><td rowspan="5">탐구 방법
영상 보러가기</td><td>조작 변인</td><td>통제 변인</td></tr>
<tr><td>액체의 종류</td><td>액체의 온도, 컵의 크기, 카드의 크기, 액체를 덮는 카드의 넓이,
동전을 놓는 위치, 동전의 크기, 동전의 무게</td></tr>
<tr><td colspan="2">활동 사진과 함께 설명을 적으세요.</td></tr>
<tr><td colspan="2">① 카드에 컵 위에 올려 놓을 위치를 표시한다.
② 표시한 곳에 맞춰 빈 종이컵 위에 카드를 올린다.
③ 컵 밖으로 나온 카드 위에 카드가 떨어질 때까지 동전을 올린다.
④ 종이컵에 물을 가득 담고 표시한 곳에 맞춰 카드를 올린다.
⑤ 컵 밖으로 나온 카드 위에 카드가 떨어질 때까지 동전을 올린다.
⑥ 종이컵에 에탄올을 가득 담고 표시한 곳에 맞춰 카드를 올린다.
⑦ 컵 밖으로 나온 카드 위에 카드가 떨어질 때까지 동전을 올린다.</td></tr>
</table>

08. 앗! 자꾸 김 서려~ 욕실 거울!

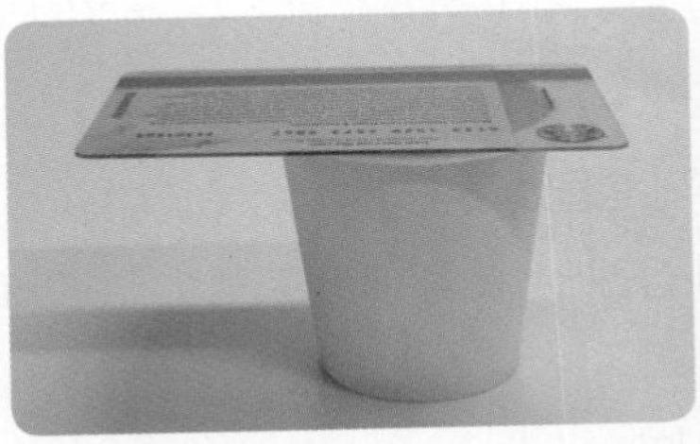

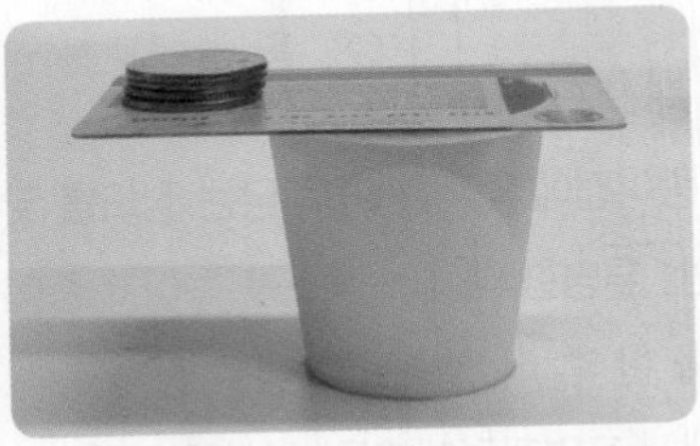

탐구 결과

카드가 떨어지기 전 동전탑의 동전 개수

종이컵 안의 물질	공기	물	에탄올
동전의 개수(개)	0	7	1

탐구 결론

컵에 액체가 없으면 동전의 무게 때문에 카드가 떨어진다. 물은 표면장력이 커서 카드를 붙잡고 있는 힘의 크기가 크므로 동전을 많이 올릴 수 있다. 그러나 에탄올은 표면장력이 작아서 카드를 붙잡고 있는 힘의 크기가 작으므로 동전을 많이 올릴 수 없다.

가설 판단

컵에 표면장력이 큰 액체를 넣으면 컵에 걸쳐 올려진 카드 위에 동전탑을 쌓을 수 있을 것이라는 가설이 옳았다.

더 알아보기

탐구 활동 중 생긴 문제점	해결 방법
액체를 덮는 카드의 넓이를 매번 같게 하기 힘들었다.	카드에 펜으로 컵 위에 놓일 위치를 표시했다.

더 알아보고 싶은 점

- 액체를 덮는 카드의 넓이를 다르게 할 때 동전탑의 높이를 알아보고 싶다.
- 컵의 크기를 다르게 할 때 동전탑의 높이를 알아보고 싶다.

해설

다른 여러 가지 방법으로 탐구보고서를 작성할 수 있다.

1. 모범답안

에탄올이 섞이는 부분은 표면장력이 작고 수정액이 있는 부분은 표면장력이 크므로 종이 프로펠러가 수정액이 있는 부분으로 회전한다.

해설

에탄올은 표면장력이 물보다 작다. 못 위에 에탄올을 떨어뜨리면 에탄올이 물로 퍼지는데 수정액이 있는 곳은 에탄올이 닿지 않으므로 표면장력이 크다. 따라서 종이 프로펠러는 수정액이 있는 표면장력이 큰 쪽으로 빙글빙글 회전한다.

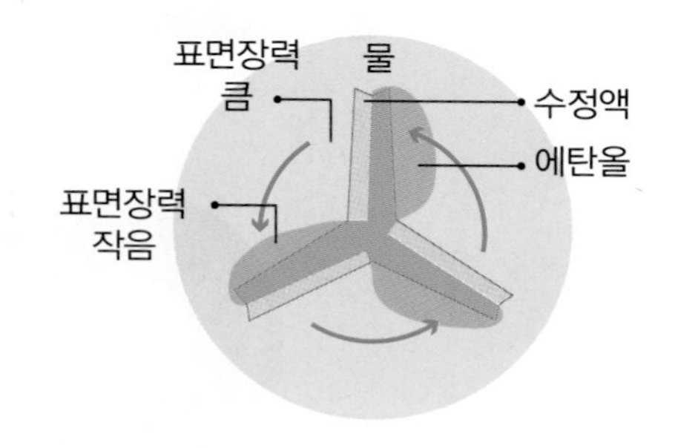

2. 모범답안

연잎 표면은 미세돌기로 덮여 있어 표면장력이 매우 크므로 다른 액체가 닿았을 때 퍼지지 않고 뭉쳐진다.

해설

연잎이 물에 젖지 않는 이유는 연잎 표면의 미세돌기 때문이다. 맨눈으로 보면 매끈한 표면처럼 보이지만, 현미경으로 잎 표면을 보면 크기가 3~10마이크로 미터(㎛: 100만 분의 1 m)인 미세돌기가 있다. 미세돌기는 연잎 표면에 물이 닿는 면적을 작게 만들려는 성질이 있어 물이 퍼지지 않고 동글동글한 모양으로 맺힌다. 연잎 효과는 초발수 효과라고도 하며, 이 효과를 이용해 방수 섬유, 비가 와도 젖지 않는 우산, 꿀이 뭉쳐져 잘 떨어지는 숟가락, 물과 오염을 툭툭 털어낼 수 있는 옷, 물에 닿아도 고장 나지 않는 컴퓨터 메모리 등을 개발했다.

3. 예시답안

- 물보다 밀도가 큰 동전과 클립을 물에 띄울 수 있다.
- 물에 표면장력을 약하게 하는 비눗물을 섞으면 둥근 비눗방울을 만들 수 있다.
- 김 서림 방지 코팅액은 표면장력을 약하게 하여 물방울이 맺히지 않고 흘러내리게 한다.
- 비누, 샴푸, 바디클렌저 등 다양한 세제는 표면장력을 약하게 하여 물과 기름때가 잘 섞이도록 한다.
- 물 위에 모형 배를 띄워 놓은 후 배 뒤쪽에 비눗물이나 에탄올을 떨어뜨리면 모형 배가 앞으로 나아간다.
- 화재 진압에 사용하는 소방수는 물에 침투제(wetting agent)를 섞어 표면장력을 약하게 하여 물체 내부로 물이 잘 침투하도록 한다.

09 앗! 자꾸 사라져~ 마스크!

1. 모범답안

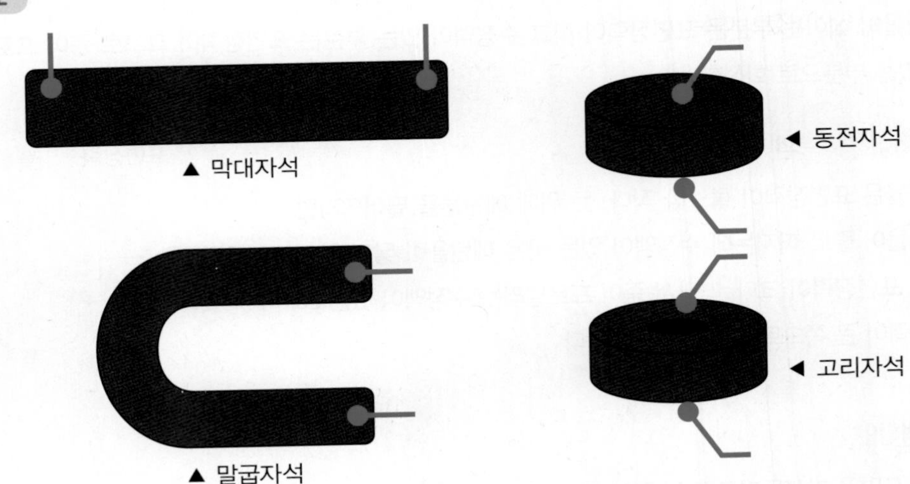

▲ 막대자석 ◀ 동전자석 ▲ 말굽자석 ◀ 고리자석

해설

자석의 극은 N극과 S극 두 개가 있다. 막대자석과 말굽자석은 양쪽 끝이 극이고, 동전자석과 고리자석은 윗면과 아랫면이 극이다. 자석은 반으로 쪼개면 두 개의 극이 하나의 극으로 나누어지는 것이 아니라 다시 N극과 S극으로 두 개의 극이 만들어진다.

2. 모범답안

- 자석에 붙인다.
- 자석을 한 방향으로 문지른다.
- 에나멜선을 감아 전류를 흐르게 한다.

해설

자석이 아닌 물체가 자석의 성질을 가지게 되는 것을 자기화라고 한다. 자기화가 잘 되는 물체는 철과 같은 강자성체이다. 강자성체는 자석에도 잘 붙으며 자석이 될 수도 있다. 강자성체를 자석에 붙이거나 자석을 한 방향으로 문지르거나, 또는 에나멜선을 감아 전류를 흐르게 하면 강자성체를 구성하는 아주 작은 입자들이 일정한 방향으로 배열되어 자석의 성질을 가지게 된다.

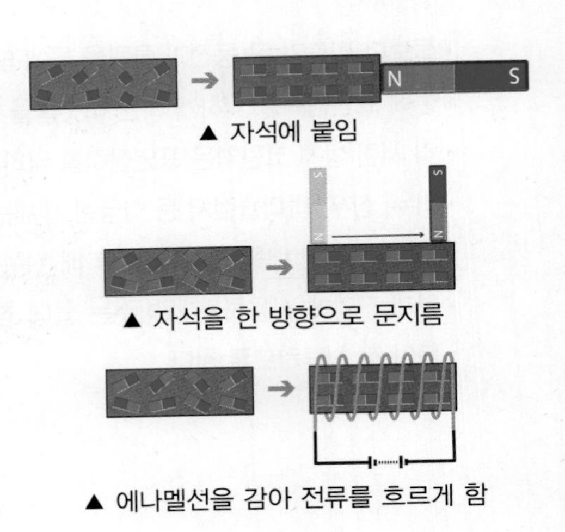

▲ 자석에 붙임

▲ 자석을 한 방향으로 문지름

▲ 에나멜선을 감아 전류를 흐르게 함

탐구 1 과학자가 되어 실험해 볼까?

먼저 생각해 보기

현관문은 철로 만들어졌기 때문이다.

해설

공용주택이나 아파트의 현관문은 불에 잘 견디는 철제 방화문을 사용한다. 철제 방화문은 강도가 높아 방범 효과도 뛰어나다.

탐구 방법

★TIP★ 샤프심은 흑연이 많이 함유된 진한 심을 사용한다. 연한 심은 점토가 많이 함유되어 있어 상자성체의 특징이 나타난다. 물은 빨대 안에 채워 넣고 양쪽 끝을 막아 실험한다. 유리 온도계는 유리의 성질을 알아보기 위해 사용한다. 100원짜리 동전은 세우기 어려우므로 실험하지 않는다. 유리 온도계는 물 위에 수직으로 세우기 어려우므로 실험하지 않는다. 우드락 조각을 배 모양으로 뾰족하게 만들면 물 위에서 잘 움직인다.

탐구 결과

자석을 가까이 했을 때 각 물체의 반응

구분	자기력이 작은 자석	자기력이 큰 자석	
		물체를 숟가락 위에 놓기	물체를 물에 띄우기
클립	끌려온다.	끌려온다.	끌려온다.
바늘	끌려온다.	끌려온다.	끌려온다.
샤프심	변화 없다.	밀려난다.	밀려난다.
빨대	변화 없다.	밀려난다.	밀려난다.
물	변화 없다.	밀려난다.	밀려난다.
알루미늄 포일	변화 없다.	끌려온다.	끌려온다.
100원짜리 동전	변화 없다.	–	끌려온다.
10원짜리 동전	변화 없다.	끌려온다.	끌려온다.
유리 온도계	변화 없다.	밀려난다.	–

탐구 결론

클립과 바늘처럼 철로 된 물체는 자기력이 작은 자석에도 매우 잘 끌려왔고, 알루미늄 포일은 자기력이 큰 자석에만 끌려왔으며 샤프심, 빨대, 물, 유리는 자기력이 큰 자석에 밀려났다. 니켈이 포함된 100원짜리 동전과 알루미늄이 포함된 10원짜리 동전은 자기력이 큰 자석에 끌려왔다. 거의 모든 물질은 자성을 가지고 있는데, 정도와 형태가 다르다. 클립처럼 자석에 매우 잘 끌리는 물체는 강자성체, 알루미늄처럼 자석에 매우 약하게 끌리는 물체는 상자성체, 샤프심처럼 자석에 밀려나는 물체는 반자성체이다.

가설 판단

자석을 가까이 하면 철로 만든 물체만 끌려올 것이다. (X)

더 알아보기

1. 탐구 활동 중 생긴 문제점과 해결 방법
   - 문제점: 물체와 바닥의 마찰 때문에 자석을 가까이 했을 때 물체가 잘 움직이지 않았다.
   - 해결 방안: 물체를 숟가락 뒷면에 올리거나 물 위에 띄워 마찰을 줄였다.
2. 탐구 활동을 한 후 더 알아보고 싶은 점
   - 반자성체를 이용하는 경우를 알아보고 싶다.
   - 물체가 자성을 잃는 경우를 알아보고 싶다.

탐구 2 다르게 실험해 봐요!

먼저 생각해 보기

- 충격을 받을 때
- 온도가 높아질 때
- 자성을 지닌 여러 물체들을 섞어둘 때

해설

자철석은 철을 포함한 검은 광물이 퇴적된 상태로, 오랫동안 지구 자기장의 영향을 받아 자석의 성질을 갖게 된 천연 자석이다. 철광석에서 분리한 철을 강한 자석의 힘이 작용하는 곳에 두어서 철을 구성하는 아주 작은 입자들이 모두 일정한 방향으로 배열되어 영구자석이 된 것이 인공 자석이다. 그러나 자성을 가진 물체를 가열하거나 충격을 주면 일정한 방향으로 배열된 작은 입자들이 불규칙하게 되어 짧은 시간에 자성이 약해지거나 사라진다.

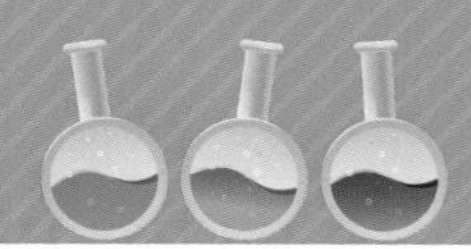

탐구 방법

바늘의 길이, 바늘의 재질, 스테이플러 심의 무게, 물체의 온도, 자기력의 크기, 물체와 자석 사이의 거리,

★TIP★ 자기화된 바늘을 가열하면 자성이 사라지므로 스테이플러 심이 다시 붙지 않는다. 그러나 가열 후 차가워진 바늘을 다시 자석에 붙이면 자기화되어 스테이플러 심이 붙는다. 강자성체인 바늘을 가열하면 상자성체가 되어 자석에 붙지 않지만, 식으면 다시 강자성체가 되어 자석에 붙는다.

탐구 결과

1. 자기화시킨 바늘을 가열할 때 스테이플러 심의 변화

구분	가열하지 않은 바늘	가열한 바늘
심의 변화	스테이플러 심이 바늘에 붙어 있다.	스테이플러 심이 아래로 떨어진다.

2. 자석에 끌려 떠 있는 바늘을 가열할 때 바늘의 변화

구분	가열하지 않은 바늘	가열한 바늘
바늘의 변화	자석에 끌려 떠 있다.	아래로 떨어진다.

탐구 결론

바늘은 철로 만들므로 강자성체이다. 자석에 붙였던 바늘과 자석에 끌려 떠 있는 바늘은 모두 자성을 가지고 있다. 그러나 바늘을 촛불로 가열하여 뜨겁게 하면 자성이 사라져 붙어 있던 스테이플러 심이 떨어지고 자석에 끌려 떠 있던 바늘은 상자성체가 되어 자석에 붙지 않고 떨어진다.

해설

강자성체가 상자성체로 변하는 온도를 퀴리 온도라고 하며, 물질마다 다르다. 순수한 철의 퀴리 온도는 768 ℃, 순수한 니켈은 350 ℃, 순수한 코발트는 1,120 ℃이다. 강자성체의 온도가 퀴리 온도 이상으로 높아졌다가 식으면서 퀴리 온도 이하가 되면 다시 강자성체로 되돌아와 자석에 붙고 자기화된다.

가설 판단

물체를 가열하면 자성이 사라질 것이다. (O)

더 알아보기

1. 탐구 활동 중 생긴 문제점과 해결 방법
   - 문제점: 바늘 길이가 짧아 자기화된 바늘에 클립을 붙였더니 촛불로 바늘을 가열하기 힘들었다.
   - 해결 방안: 클립 대신 크기가 작고 자석에 잘 붙는 스테이플러 심을 이용했다.

2. 탐구 활동을 한 후 더 알아보고 싶은 점

우리 생활에서 자성을 없애는 경우를 알아보고 싶다.

해설

시계 부속품들이 자기화되어 시간이 맞지 않을 때, 면도날처럼 강자성체를 가공하거나 연마하는 과정에서 자기화되어 주위의 철가루가 달라붙을 때, 못, 스패너 등 금속 공구들이 자기화되어 서로 달라붙을 때 등 자성이 필요 없을 때 탈자기를 이용해 자성을 없앤다.

탐구 3 탐구보고서를 작성해 보자!

먼저 생각해 보기

연필 윗부분의 자석과 받침대 위쪽 자석 사이에 인력이 작용하기 때문이다.

탐구보고서

탐구 주제	연필이 어떻게 뾰족한 부분을 바닥으로 향한 채 곧게 설 수 있을까?
가설 설정	자석의 인력을 이용하면 연필이 뾰족한 부분을 바닥으로 향한 채 곧게 설 수 있을 것이다.
준비물	큰 동전자석, 작은 동전자석, 연필, 색종이, 글루건, 우드록, 칼, 빨대, 자, 양면테이프, 셀로판테이프, 가위
탐구 방법 영상 보러가기	**활동 사진과 함께 설명을 적으세요.** ① 연필의 평평한 부분에 작은 동전자석을 붙인다. ② 색종이로 날개가 대칭이 되도록 만든 후 자석 아래쪽 연필 가운데에 붙인다. ③ 두 자석이 서로 끌어당기는 부분을 확인한다. ④ 뾰족한 부분이 바닥을 향하도록 연필을 세우고 연필 위에 큰 동전자석을 두었을 때 연필이 쓰러지지 않고 곧게 설 수 있는 두 자석 사이의 최대 거리를 찾는다. ⑤ 두 자석 사이의 거리가 연필이 곧게 설 수 있는 최대 거리보다 가까울 때, 최대 거리일 때, 최대 거리보다 멀 때 연필의 변화를 확인한다. ⑥ 큰 동전자석과 연필 사이의 거리가 ④에서 찾은 거리보다 더 가깝도록 우드록으로 받침대를 만든다. ⑦ 받침대 아래쪽 연필을 세울 곳에 셀로판테이프를 붙인다.

⑧ 받침대 위쪽에 큰 동전자석을 붙인다.

⑨ 연필을 세우고 빨대로 날개에 바람을 분다.

탐구 결과

1. **연필이 쓰러지지 않고 곧게 설 수 있는 두 자석 사이의 최대 거리:** 1.2 cm

2. **두 자석 사이의 거리에 따른 연필의 변화**

거리	1.2 cm보다 가까울 때	1.2 cm일 때	1.2 cm보다 멀 때
변화	연필이 더 안정적으로 곧게 선다.	연필이 곧게 선다.	연필이 쓰러진다.

3. **날개에 바람을 불었을 때 변화:** 연필이 제자리에서 회전하다가 서서히 멈춘다.

탐구 결론

연필 위쪽 동전자석과 받침대 위쪽 동전자석이 서로 다른 극끼리 만나도록 하면 자석 사이의 인력이 작용하여 연필이 뾰족한 부분을 바닥으로 향한 채 곧게 선다. 이 상태에서 빨대로 날개에 바람을 불어주면 연필과 셀로판테이프를 붙인 바닥과의 마찰이 작으므로 연필이 제자리에서 회전하다가 서서히 멈춘다.

가설 판단

자석의 인력을 이용하면 연필이 뾰족한 부분을 바닥으로 향한 채 곧게 설 수 있을 것이라는 가설이 옳았다.

더 알아보기

탐구 활동 중 생긴 문제점	해결 방법
받침대 위쪽에 자기력이 큰 동전자석을 사용했더니 연필이 자꾸 받침대 동전자석에 끌려와 붙었다.	자기력이 작은 동전자석을 사용했다.
받침대 위쪽에 자기력이 작은 동전자석을 사용했더니 연필이 조금만 옆으로 기울어져도 쉽게 쓰러졌다.	받침대 위쪽에 연필의 지름보다 큰 동전자석을 사용했다.

더 알아보고 싶은 점
연필이 곧게 선 채 공중 부양하게 할 수 있는 방법을 알아보고 싶다.

해설

다른 여러 가지 방법으로 탐구보고서를 작성할 수 있다.

1. 모범답안

오이와 포도에는 수분이 많고, 물은 반자성체이기 때문이다.

해설

오이는 95 %, 포도는 84 %가 수분이므로 물과 같은 반자성체의 특징이 나타난다.

2. 모범답안

한쪽 철사가 촛불에 가열되어 뜨거워지면 상자성체가 되어 자석에 붙지 않으므로 다른 쪽 철사가 자석에 끌려 움직인다. 끌려온 철사가 뜨거워져 상자성체가 되면 자석에 붙지 않고, 상자성체가 되어 밀려났던 철사는 차가워져 다시 강자성체가 되어 자석에 끌려온다. 이 과정을 반복하며 V자 모양 철사는 좌우로 움직인다.

해설

강자성체인 철은 퀴리 온도(768 ℃)를 넘으면 상자성체가 되므로 자석에 붙지 않는다. 양초의 온도는 겉불꽃은 1,400 ℃ 정도이고, 속불꽃은 600 ℃ 정도이므로 겉불꽃으로 가열하면 철사가 퀴리 온도에 도달할 수 있다. 퀴리 온도가 철보다 낮은 니크롬선(350 ℃)을 이용하면 좌우로 더 빠르게 움직인다.

3. 예시답안

- 자석 커튼 끈: 자석을 이용하여 커튼을 쉽게 묶고 풀도록 한다.
- 전단지 자석: 철로 만든 냉장고 문이나 현관문에 잘 달라붙도록 한다.
- 자석 바둑, 자석 다트: 바둑알이나 다트 안에 자석을 붙여 잘 달라붙도록 한다.
- 자석 지퍼: 지퍼 끝부분에 자석을 붙여 지퍼 끝부분이 서로 잘 달라붙도록 한다.
- 자석 모기장 커튼: 양쪽 커튼 가장자리에 자석을 붙여 서로 잘 달라붙도록 한다.
- 자석 가방, 자석 필통, 냉장고 문: 뚜껑이나 문이 닫히는 곳에 자석을 붙여 잘 닫히도록 한다.
- 카시트 안전벨트 고정: 카시트 양쪽 가장자리에 자석을 붙여 안전벨트의 금속 부분이 달라붙게 하여 쉽게 탈 수 있도록 한다.

▲ 자석 커튼 끈

▲ 자석 다트

▲ 자석 모기장 커튼

10 앗! 자꾸 끈적해져~ 가윗날!

개념탐구

1. 모범답안

물이 식용유와 섞이지 않고 아래로 가라앉는다.

해설

물과 식용유는 성질이 달라 섞이지 않는다. 물은 식용유보다 밀도가 크므로 양이 적어도 식용유 아래로 가라앉는다.

2. 모범답안

수성 사인펜은 물로 지우고 유성 사인펜은 알코올이나 아세톤으로 지운다.

해설

알코올은 기름 성분을 조금 녹일 수 있고, 아세톤은 기름 성분을 잘 녹인다. 그러나 코팅된 제품을 아세톤으로 닦으면 코팅이 벗겨질 수 있으므로 주의한다.

실험탐구 탐구 1 과학자가 되어 실험해 볼까?

먼저 생각해 보기

손 소독제에 들어 있는 에탄올이 기름 성분인 점착제를 조금 녹일 수 있기 때문이다.

해설

테이프의 점착제는 주성분이 기름이므로 물에는 녹지 않고 기름에 잘 녹는다. 알코올은 기름 성분을 조금 녹일 수 있으므로 점착제를 닦을 수 있다. 아세톤, 식용유, 선크림, 스티커 제거제 등 기름 성분을 잘 녹이는 물질을 사용하면 점착제를 쉽게 닦을 수 있다.

탐구 결과

1. 흔들어 섞었을 때 액체의 변화

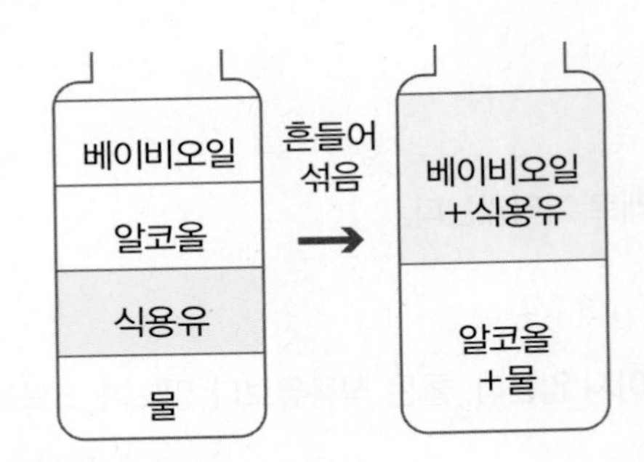

2. 색소물과 마블링 물감을 넣었을 때 액체의 변화

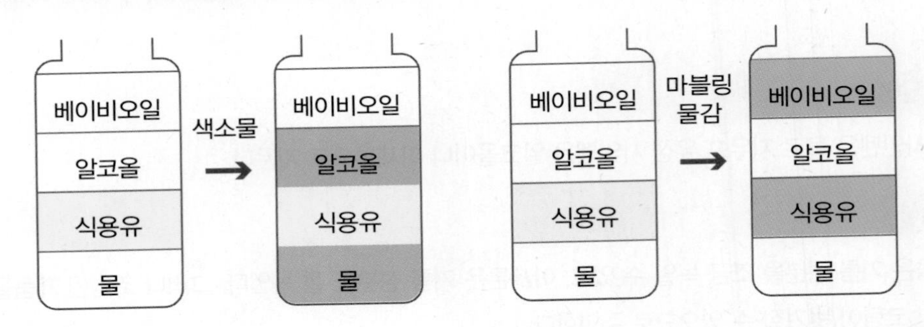

탐구 결론

물, 식용유, 알코올, 베이비오일을 순서대로 넣으면 4층 액체탑이 만들어진다. 이것을 흔들어 섞으면 물과 알코올이 섞이고 식용유와 베이비오일이 섞여 2층 액체탑이 만들어진다. 색소물을 섞으면 물과 알코올의 색이 변하고, 마블링 물감을 섞으면 식용유와 베이비오일의 색이 변한다. 물, 알코올, 색소물은 극성 물질이고 식용유, 베이비오일, 마블링 물감은 무극성 물질이다.

가설 판단

성질이 비슷한 액체끼리만 섞일 것이다. (O)

더 알아보기

1. 탐구 활동 중 생긴 문제점과 해결 방법
   - 문제점: 한방울의 크기가 작으면 색소물은 식용유에 둘러싸여 아래로 내려가지 못했다. 마블링 물감은 밀도가 낮으므로 베이비오일 아래로 내려가지 않아 아래쪽 액체와 섞이지 않았다.
   - 해결 방안: 빨대를 유리병 바닥까지 꽂은 후 빨대 안쪽으로 색소물과 마블링 물감을 흘려서 유리병 아래까지 넣었다.
2. 탐구 활동을 한 후 더 알아보고 싶은 점
   물과 기름처럼 성질이 다른 액체를 섞는 방법을 알아보고 싶다.

탐구 2 다르게 실험해 봐요!

먼저 생각해 보기

- 비누를 넣는다.
- 계면활성제를 넣는다.
- 달걀노른자를 넣는다.

해설

계면활성제나 달걀노른자처럼 서로 섞이지 않는 물질(물과 기름)을 잘 섞어주는 물질을 유화제라고 한다. 유화제는 물과 친한 친수성 부분과 기름과 친한 소수성(친유성) 부분을 모두 가지고 있어 물과 기름을 섞어준다. 이때 기름이 물에 녹는 용액 형태가 아니라 아주 작은 물 입자 사이사이에 아주 작은 기름 입자가 고르게 분포되는 애멀션 상태가 된다.

탐구 방법

물의 양, 식용유의 양, 유화제의 종류, 유화제의 양, 물과 식용유를 섞는 빠르기, 물과 식용유를 섞는 시간

탐구 결과

물과 식용유의 변화

유화제 종류	물과 식용유의 변화
없음	물과 식용유가 섞여 뿌옇게 된다. 시간이 지나면 물과 식용유로 서서히 분리된다.
세제	거품이 많이 생기고 물과 식용유가 섞여 뿌옇게 된다. 시간이 지나면 물과 식용유로 서서히 분리된다.
달걀노른자	거품이 많이 생기고 물과 식용유가 섞여 노랗게 된다. 시간이 지나도 노란색 층은 잘 분리되지 않는다.
가루우유	거품이 조금 생기고 물과 식용유가 섞여 뿌옇게 된다. 시간이 지나도 흰색 층은 잘 분리되지 않는다.
겨자	거품이 조금 생기고 물과 식용유가 섞여 노랗게 된다. 시간이 지나면 노란색 층이 서서히 분리된다.

탐구 결론

물과 식용유는 성질이 달라 거품기로 섞으면 처음에는 섞이지만 시간이 지나면 물과 식용유로 분리되기 시작한다. 유화제를 넣으면 거품이 생기고 물과 식용유가 섞여 불투명해진다. 세제와 겨자를 사용했을 때는 시간이 지나면 서서히 물과 식용유로 분리되기 시작하지만, 유화제인 달걀노른자와 가루우유를 사용했을 때는 시간이 지나도 물과 식용유가 분리되지 않고 잘 섞여 있었다.

가설 판단

유화제를 사용하면 물과 기름을 섞을 수 있을 것이다. (O)

더 알아보기

1. 탐구 활동 중 생긴 문제점과 해결 방법
   - 문제점 ①: 거품기를 손으로 저었더니 물과 식용유를 골고루 섞기 힘들었다.
   - 해결 방안 ①: 전동 거품기를 사용했다.
   - 문제점 ②: 액체 우유는 농도가 묽어서 다른 유화제와 같은 양을 넣으니 결과가 잘 나타나지 않았다.
   - 해결 방안 ②: 가루우유를 사용했다.
2. 탐구 활동을 한 후 더 알아보고 싶은 점
   - 유화제 없이 물과 기름을 섞는 방법을 알아보고 싶다.
   - 우리 생활에서 유화제를 활용하는 경우를 알아보고 싶다.

해설

초음파로 물과 기름의 입자를 nm(나노미터)로 아주 작게 쪼개면 유화제가 없어도 물과 기름이 분리되지 않고 오랫동안 섞인 상태를 유지한다.

탐구 3 탐구보고서를 작성해 보자!

먼저 생각해 보기

보드마카는 기름 성분으로 물에 녹지 않고 접시 표면에 잘 달라붙지 않기 때문이다.

해설

보드마카의 성분은 유성 물감과 알코올이다. 물과 유성 물감은 서로 섞이지 않고, 유성 물감은 물보다 밀도가 작아(가벼워) 물 위에 뜬다. 보드마카로 코팅된 접시에 그림을 그리면 알코올이 증발해 유성 물감만 남고, 물을 부으면 유성 물감이 뭉쳐 물 위에 뜬다.

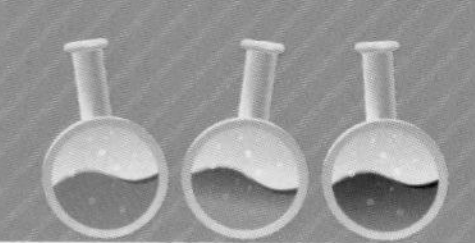

탐구보고서

탐구 주제	물을 부으면 왜 보드마카로 접시 위에 그린 그림이 떠올라 움직일까?
가설 설정	보드마카는 기름 성분이고 접시 표면에 잘 달라붙지 않으므로 물을 부으면 녹지 않고 물 위로 떠오를 것이다.
준비물	키친타월, 유성 사인펜, 수성 사인펜, 보드마카, 물, 알코올, 코팅된 접시, 숟가락, 빨대

탐구 방법

영상 보러가기

활동 사진과 함께 설명을 적으세요.

① 키친타월에 유성 사인펜, 수성 사인펜, 보드마카로 점을 찍는다.
② 각 점에 물을 떨어뜨린다.
③ 각 점에 알코올을 떨어뜨린다.
④ 코팅된 접시에 유성 사인펜, 수성 사인펜, 보드마카로 점을 찍은 후 키친타월로 닦는다.
⑤ 코팅된 접시에 보드마카로 그림을 그린다.
⑥ 보드마카가 모두 마르면 물을 조금씩 붓는다.

★TIP★ 접시에 묻은 유성 사인펜은 알코올로 닦는다.

★TIP★ 그림이 잘 떠오르지 않으면 접시를 기울이거나 빨대로 그림 가장자리에 바람을 약하게 불어준다.

탐구 결과

1. 키친타월에 유성 사인펜, 수성 사인펜, 보드마카로 찍은 점의 변화

구분	유성 사인펜	수성 사인펜	보드마카
물을 떨어뜨릴 때	변화 없다.	녹아서 번진다.	변화 없다.
알코올을 떨어뜨릴 때	녹아서 번진다.	녹아서 번진다.	녹아서 번진다.
키친타월로 닦을 때	닦이지 않는다.	잘 닦인다.	잘 닦인다.

2. 코팅된 접시에 보드마카로 그림을 그렸을 때: 시간이 지날수록 보드마카가 마른다.

3. 코팅된 접시에 물을 부었을 때: 그림이 물 위로 떠올라 움직인다.

10. 앗! 자꾸 끈적해져~ 가윗날!

<table>
<tr><td>탐구 결론</td><td colspan="2">수성 사인펜은 물을 부으면 녹아서 사라지고, 유성 사인펜은 코팅된 접시에 달라붙어 떨어지지 않으므로 물에 뜨는 그림을 만들 수 없다. 보드마카는 기름 성분이기 때문에 물을 부으면 물에 녹지 않고 코팅된 접시에서 잘 떨어지므로 물에 뜨는 그림을 만들 수 있다.</td></tr>
<tr><td>가설 판단</td><td colspan="2">보드마카는 기름 성분이고 접시 표면에 잘 달라붙지 않으므로 물을 부으면 녹지 않고 물 위로 떠오를 것이라는 가설이 옳았다.</td></tr>
<tr><td rowspan="5">더 알아보기</td><td>탐구 활동 중 생긴 문제점</td><td>해결 방법</td></tr>
<tr><td>보드마카는 빨리 말라 알코올을 떨어뜨려도 변화가 없었다.</td><td>키친타월에 보드마카로 점을 찍은 후 바로 알코올을 떨어뜨렸다.</td></tr>
<tr><td>보드마카로 그린 그림 위에 물을 부었더니 그림이 찢어졌다.</td><td>그림이 없는 쪽에서 조심히 물을 부어 기울였다.</td></tr>
<tr><td colspan="2">더 알아보고 싶은 점</td></tr>
<tr><td colspan="2">• 보드마카에 따라 물을 부어도 잘 떨어지지 않는 경우가 있었는데 그 이유를 알아보고 싶다.
• 옷에 수성 사인펜, 유성 사인펜, 보드마카가 묻었을 때 지우는 방법을 알아보고 싶다.</td></tr>
</table>

해설

다른 여러 가지 방법으로 탐구보고서를 작성할 수 있다.

1. 모범답안

투명하면서 물과 잘 섞이지 않는 무극성 물질로 바닥에 그림을 그리면 비가 올 때 그림 그린 부분의 바닥이 젖지 않아 그림이 나타난다.

해설

물은 극성 물질이고, 초소수성 페인트는 무극성 물질이어서 물과 잘 섞이지 않는다. 바닥에 초소수성 페인트로 그림을 그리면 비가 올 때 그림 부분은 젖지 않아 색이 변하지 않고 물에 젖은 부분은 어두워져 그림이 나타난다.

2. 모범답안

고무 풍선과 귤껍질의 즙은 모두 무극성 물질로 잘 섞이므로 귤껍질의 즙이 고무 풍선을 녹이기 때문이다.

해설

귤, 오렌지, 레몬 등 감귤류의 껍질에 포함되어 있는 리모넨(Limonene)은, 감귤 향을 내기 위한 식품 첨가제, 향수 향료, 공기 청정제, 손 세정 비누의 향기, 세제, 의약품 등에 쓰인다. 리모넨은 무극성 물질로, 무극성 물질인 고무 풍선이나 스티로폼을 녹인다. 긴 풍선, 하트 풍선 등 모양 풍선은 그물 구조를 이루므로 일반 풍선보다 질기고 리모넨이 닿아도 잘 터지지 않는다. 리모넨은 산성과 함께 약간의 독성도 있어 피부나 눈에 자극을 주기도 한다. 실제로 귤이나 오렌지 껍질을 벗기다 껍질의 즙이 눈이나 피부에 튀었을 때 따끔따끔한 경우 또한 리모넨 때문이다.

3. 예시답안

- 식초와 달걀노른자에 식용유를 넣고 섞어 마요네즈를 만든다.
- 초콜릿 우유에 유화제를 넣어 초콜릿과 우유를 골고루 섞는다.
- 옷을 물로 세탁할 때 세제 속 계면활성제가 기름때를 제거한다.
- 향수를 만들 때 유화제를 이용하여 물, 알코올, 기름 성분의 향료를 섞는다.
- 아이스크림을 만들 때 유화제를 이용하여 유지방과 다른 재료를 골고루 섞는다.
- 샴푸나 린스를 만들 때 유화제를 이용하여 물, 알코올, 기름 성분의 향료를 섞는다.
- 샐러드드레싱을 만들 때 유화제를 이용하여 기름 성분과 물 성분을 골고루 섞는다.
- 연고와 같은 약을 만들 때 유화제를 이용하여 기름 성분과 물 성분을 골고루 섞는다.
- 빵이나 과자를 만들 때 유화제를 넣어 버터와 같은 기름 성분을 물과 섞어 반죽한다.
- 스킨, 로션, 크림, 선크림 등 화장품을 만들 때 유화제를 이용하여 물과 기름 성분을 섞는다.
- 바다에 기름이 유출되었을 때 유화제를 뿌려 물과 기름을 섞은 후 물에 뜬 기름을 제거한다.

해설

유화제는 세제나 치약뿐만 아니라 화장품, 연고, 우유, 빵, 케이크, 마요네즈, 아이스크림, 초콜릿, 캐러멜, 샐러드드레싱 등 많은 식품에도 들어 있다. 유화제는 물과 친한 친수성 부분과 기름과 친한 소수성(친유성) 부분을 모두 가지고 있어 물과 기름을 섞어준다. 이때 기름이 물에 녹는 용액 형태가 아니라 아주 작은 물 입자 사이사이에 아주 작은 기름 입자가 고르게 분포되는 애멀션 상태가 된다. 화장품, 의약품 등은 물과 기름, 계면활성제의 비율이 대부분 6 : 2 : 2로 섞여 있다. 우유나 크림의 카제인, 달걀노른자나 콩의 레시틴, 겨자씨와 토마토 페이스트 등은 천연 유화제이다. 레시틴은 천연 유화제이면서 가장 저렴하다. 달걀노른자, 콩기름 등에 많으며 주로 콩기름을 생산하고 남은 부산물에서 얻는다. 합성 유화제로는 글리세린지방산에스테르, 자당지방산에스테르, 소르비탄지방산에스테르 등이 있다.

memo

좋은 책을 만드는 길
독자님과 함께하겠습니다.

도서나 동영상에 궁금한 점, 아쉬운 점, 만족스러운 점이
있으시다면 어떤 의견이라도 말씀해 주세요.
SD에듀는 독자님의 의견을 모아 더 좋은 책으로 보답하겠습니다.

www.sdedu.co.kr

안쌤의 신박한 과학 탐구보고서 가정생활편 I

초판발행	2023년 01월 05일 (인쇄 2022년 11월 30일)
발행인	박영일
책임편집	이해욱
저자	안쌤 영재교육연구소
편집진행	이미림 · 피수민 · 이여진
표지디자인	박수영
편집디자인	채현주 · 최혜윤
발행처	(주)시대교육
공급처	(주)시대고시기획
출판등록	제 10-1521호
주소	서울시 마포구 큰우물로 75 [도화동 538 성지 B/D] 9F
전화	1600-3600
팩스	02-701-8823
홈페이지	www.sdedu.co.kr
ISBN	979-11-383-3816-5 (63400)
정가	18,000원

"안쌤의 신박한 과학 탐구보고서" 유튜브 강의를 들은 학생들의 추천글

★★★★★ 최수안

아주 독창적이고 다양한 문제를 접할 수 있어서 좋았어요!
내용 자체가 너무 좋아서 제일 친한 친구한테만 소개해 준 강의입니다.

★★★★★ 김유준, 김유찬

이거야말로 제가 찾던 강의예요!
영재교육원을 다니면서도 다시 꼭 봐야 할 강의와 책입니다.

★★★★★ 김도현

자꾸 듣고 싶은 안쌤의 신박한 과학 탐구보고서!!
항상 소통하시는 안쌤 수업 추천합니다.

★★★★★ 변아현

쉽고 재미있어요! 어려운 단어도 쉽게 풀어주시고, 머리에 쏙쏙 들어와요.
안쌤의 신박한 과학 탐구보고서 강의는 공부가 아니라 놀이에 가까워요!

초등학생이 재미있게 탐구하고 쉽게 작성하는

수학이 쑥쑥! 코딩이 척척!
초등코딩 수학 사고력 시리즈

3

- 초등 SW 교육과정 완벽 반영
- 수학을 기반으로 한 SW 융합 학습서
- 초등 컴퓨팅 사고력+수학 사고력 동시 향상
- 초등 1~6학년, 영재교육원 대비

4

안쌤의 수·과학 융합 특강

- 초등 교과와 연계된 24가지 주제 수록
- 수학사고력+과학탐구력+융합사고력 동시 향상

5

안쌤의 신박한 과학 탐구보고서 시리즈

- 모든 실험 영상 QR 수록
- 한 가지 주제에 대한 다양한 탐구보고서

영재성검사 창의적 문제해결력
모의고사 시리즈

6

- 영재성검사 기출문제
- 영재성검사 모의고사 4회분
- 초등 3~6학년, 중등

SD에듀만의 영재교육원 면접 SOLUTION

영재교육원 AI 면접 온라인 프로그램 무료 체험 쿠폰

도서를 구매한 분들께 드리는
특별한 혜택

쿠폰번호
DXB - 47678 - 15021
유효기간 : ~2023년 6월 30일

01 도서의 쿠폰번호를 확인합니다.
02 WIN시대로[**https://www.winsidaero.com**]에 접속합니다.
03 홈페이지 오른쪽 상단 영재교육원 **AI 면접 배너**를 클릭합니다.
04 회원가입 후 로그인하여 [**쿠폰 등록**]을 클릭합니다.
05 쿠폰번호를 정확히 입력합니다.
06 쿠폰 등록을 완료한 후, [**주문 내역**]에서 이용권을 사용하여 면접을 실시합니다.

※ 무료쿠폰으로 응시한 면접에는 별도의 리포트가 제공되지 않습니다.

영재교육원 AI 면접 온라인 프로그램

01 WIN시대로[**https://www.winsidaero.com**]에 접속합니다.
02 홈페이지 오른쪽 상단 영재교육원 **AI 면접 배너**를 클릭합니다.
03 회원가입 후 로그인하여 [**상품 목록**]을 클릭합니다.
04 학습자에게 꼭 맞는 다양한 상품을 확인할 수 있습니다.

KakaoTalk **안쌤 영재교육연구소**

안쌤 영재교육연구소에서 준비한 더 많은 면접 대비 상품(동영상 강의 & 1:1 면접 온라인 컨설팅)을 만나고 싶다면 안쌤 영재교육연구소 카카오톡에 상담해 보세요.